読みなおす日本史

大本営

森松俊夫

吉川弘文館

はじめに

戦中派の人々の耳には、今なお真剣勇壮な「大本営発表」の声が残っていることであろう。しかし今はそれも空虚な響きであるかもしれない。当時、大本営というと、戦争指導の最高権力機関であり、国家国民の運命を左右するもののように受けとられがちであったが、今なお、その実態についてあまりよく知られていないように思う。

大本営というのは、条例によれば「天皇ノ大纛《たいとう》下ニ最高ノ統帥部ヲ置キ之ヲ大本営ト称ス」となっている。大纛とは、大旗・天皇旗のことで、天皇と同意味とみてよい。統帥とは軍隊を統《す》べ率《ひき》い、指揮・指導することである。したがって大本営とは、天皇の下にある最高統帥部であり、国軍の指揮中枢である。

ところで、大本営の長は天皇だと思っている人が多い。天皇の大纛《たいとう》すなわち天皇旗はためく大本営を考えているという。なるほど天皇なくしては大本営はない。そして天皇と大本営は一体であるべきものであるから、観念的には、大本営は大元帥である天皇を頂点とする最高統帥部と解し、表現を簡単にする必要のある場合には、大本営命令とか、大本営統帥などの語も用いられている。

しかし大本営の編制には天皇が入っていない。大本営は、統帥について天皇を輔翼《ほよく》（補佐）し、天皇の命を受け、これを執行する補佐機関なのである。したがって一部の委任事項を除き、大本営が独自に指揮権を行使することはない。

大本営は、戦時または事変に際し必要に応じ設けられる戦時機関である。平時には軍令（統帥）機関が陸海軍に分かれていた。そこで陸海軍を緊密一体化し、敏活な作戦用兵を実施する必要がある場合には大本営を動員して設置した。大本営は、明治建軍以降三度設けられた。日清戦争、日露戦争、それから支那事変およびこれに続く大東亜戦争間である。

大本営は統帥機関であり、統帥権は国務から独立し、政府の輔弼《ほひつ》（補佐）の外にあった。これがため統帥と国務の調和すなわち政戦両略の一致を図ることが極めて重要である。この機構上の不統一は、制度の運用の妙にまたねばならない。大本営が政戦略一致に努めれば努めるほど、とくに第三回目に設けられた大本営では、単なる統帥の活動域を脱して、国務の分野に立ち入り、戦争指導にも大きく関与することになった。しかし、統帥部主導の国策遂行・戦争指導は、かえって政略と戦略のバランスを崩し、国家意志がつねに分裂するという弊を生じた。

最近、防衛研修所戦史室は『大本営陸軍部』一〇巻、『大本営海軍部』七巻という膨大な戦史叢書（各巻約六〇〇頁）を刊行した。大変な労作である。しかしこれらは陸軍部、海軍部のおのおのの立場から書かれたものであり、陸海軍の両者をまとめた通史はないのかという要求がある。これに応じて執筆したのが本書である。

明治以降、三度設けられた大本営は、おのおの機構・性格・運用を異にしている。これは、時代変遷による要求とともに運用する人の変質によることも大きい。よく言われる語であるが「明治の興隆、大正の混迷、昭和の余弊」が、ぴったり感ぜられるほど鮮やかに史実が示している。そして「昭和の余弊」なるものの原因は、すでに「明治の興隆」期に胚胎《はいたい》していることも明らかであった。このため本書では、明治期にかなりの紙数を割いて、その原因の解明に努めた。

大本営は、陸海軍の策応協同を図るのを重要な任務とした。陸海軍の協同一致が困難なので、このような措置を必要としたのである。しかし陸海軍の対立抗争は根の深いものがあり、単なる勢力争いではなく、戦略思想の相違、機構上の分立、体質の異同など本質的な問題があった。では、どのようにして問題の解決を図ったのか。これも本書で解明したいと考える一つのテーマである。

また日独戦争、シベリア出兵、その他各種事変の際には大本営は設けられなかったが、平時における重要軍事施策、軍備などと併せ、大本営史の一環として記述した。

本書では、大本営の陸海軍作戦計画、作戦指導などの細部に及ぶ余裕はなかった。最高統帥史については別の機会に譲りたい。

なお、天皇に関連するなじみの薄い特種用語は、極力平易な用語に換言した。また支那事変、大東亜戦争など、当時使用された固有名詞は、そのまま用いている。

終わりに松岡幸雄氏、栂博氏、生田惇氏、五味和枝氏はじめ、お世話になった多くの方々に、厚く感謝するものである。

森松俊夫

目次

概観

軍令機関の独立と陸主海従思想　明治十一年（一八七八）天皇直隷の参謀本部が設けられ、陸軍の軍政・軍令機関が分離したが、憲法発布以前において、統帥権独立の既成事実の作られた意義は大きい。その後、海軍も漸次勢力を拡張してきたので、明治十九年（一八八六）三月、参謀本部を改組し、皇族の本部長のもとに、陸軍部と海軍部を並列した陸海軍統合の中央軍令機関を作った。軍政機関が陸軍と海軍に分立しているとき、陸海軍令機関の統合は画期的英断であった。ついで二十一年五月、帝国全軍の参謀長である皇族の参軍のもと、陸軍参謀本部と海軍参謀本部をおいた。ところが翌二十二年三月、参軍官制が廃止となり、海軍は海軍大臣隷下に海軍参謀部を設け、軍政・軍令を一元化した。陸軍は参謀本部と、その長を参謀総長と改めたが、総長は参軍と同様、帝国全軍の参謀長に任じた。

明治二十六年（一八九三）一月、海軍は海軍省から独立した海軍参謀本部の設置を提議した。これにたいし陸軍は、中央軍令機関が並列し二人の参謀長をおく制度は、軍令の統一を乱すとして強く反対した。当時は陸主海従思想が支配的であり、海軍はこれを大いに不満としたので、早くも陸海対立の萌芽が生じたのである。事態を憂慮した天皇の命により、陸海首脳が種々検討した結果、海軍は高等の参謀部をおくが、これとともに戦時大本営条例を創定し、大本営の参謀長は参謀本部の参謀総長である旨を規定しておくことになった。

明治二十六年五月、海軍軍令部を設けるとともに戦時大本営条例が制定された。しかし、これに関連する陸海軍間の細部交渉は容易にまとまらなかったが、清国との間の情勢急迫の圧力により部分的に解決した。

日清戦争下の大本営　明治二十七年（一八九四）六月、韓国への派兵とともに大本営が参謀本部内に設けられ、ついで宮中に移り、さらに広島に進出した。大本営は最高統帥機関であったが、政戦略の一致を図るため、天皇の特旨により首相伊藤博文《ひろぶみ》、枢密院議長山県有朋《ありとも》も大本営の議に列した。日清戦争における陸海軍の作戦は、少数精鋭の幕僚陣、一人の幕僚長、また文字どおり同室同所で親裁した天皇の力により適切な統帥が行われた。また政府と大本営は遠く離隔していたが、両者よく気脈を通じ政戦両略が一致推進された。

日清戦争後間もなく、大本営の改組問題が海軍側から提起された。それは陸主海従的であったのを陸海対等に改正しようとするものである。海軍側の執念は強烈で、陸海軍間で激しく正面衝突した。陸海軍大臣が再度にわたり帷幄上奏《いあくじょうそう》を行うなど問題は紛糾したが、結局、天皇は未解決のまま据え置いた。

しかし日露関係が険悪化してきたので、これを放置しておくこともできず、陸海軍両当局が協議を重ねた末、大本営は天皇親裁のもと陸海両幕僚長並立制とし、とくに幕僚長の任務に、陸海両軍の策応協同を図る、の一項を加えた。これと同時に新たに軍事参議院を設け、陸海軍の調整機関とした。

日露戦争下の大本営　日露開戦に伴い、明治三十七年（一九〇四）二月大本営が宮中に設けられ、陸海軍の関係者は平時配置の官衙《かんが》にあって勤務し、必要の場合は宮中の御前《ごぜん》会議に列席した。御前会議には通常元老《げんろう》、首相、外相も列席し政戦略の一致を図った。当時、大本営の組織や戦争指導機構など不備なものが多かったが、実際には法規にとらわれることなく、政治・軍事の事実上の実力者が指導者群を形成し、運用宜しきを得て、作戦および戦争指導の実効を挙げることができた。

日露戦争間には軍事参議院はあまり有効な働きを示さなかったが、明治三十一年（一八九八）に設けられた元帥府の活動には注目すべきものがあった。元帥は天皇の軍事最高顧問として、陸海軍大将のうち老功卓抜の者を簡抜し任命した。元帥は、戦前には陸海軍の調整にあたり、戦争間は最高統帥の補佐において重要な役割を果たした。

さらに天皇は、特旨をもって政治上の最高顧問である元老を選んだ。元老は最高国策の決定や戦争指導にも関与し、国務と統帥の調整に貢献するところ大なるものがあった。

この戦争間、陸軍対海軍、陸海軍対政府の意見が対立する場合もあったが、それは天皇の裁断をまたずに解決した。しかし陸軍部内の意見が対立して難航したとき、天皇の適切な裁定により戦勝に寄与したことは一再ではなかった。

また大本営と出征軍との間に、作戦指導上の諸問題が幾度か続出した。これにたいし大本営は、常に強固な統制力を保持し確乎とした作戦指導を実施した。出征軍も当然のことながら積極的に意見具申するが、中央の決定事項には服従しこれを遵奉《じゅんぽう》した。

陸海軍の戦略理念　平時における陸海統帥部の重要施策のひとつは、帝国国防方針、国防所要兵力、用兵綱領の策定であった。これは年度作戦計画や軍備整備計画の基礎となるものである。明治四十年（一九〇七）四月初度決定後、情勢の変化に伴い、三度改定が行われた。

この初度決定および改定を通じ、陸海軍の国防・用兵に関する思想の相違、対立が浮き彫りにされた。陸軍は南守北進すなわち国家の発展を大陸に求め、この方面における脅威をロシア（ソ連）とし、これを想定敵国の第一に挙げ、対露軍備を最優先と考えているのにたいし、海軍は北守南進すなわち国家の発展方向を南方方面とし、想定敵国を米国、対米戦備の充実を第一とした。妥協の結果は双方ともに譲るところがなく、単に両者の主張を併記するにとどまり、限られた国力が二分されることとなって、将来の悲劇を生じた。

国家総力戦への途と軍部の独走　日清・日露戦争は武力戦を主体とするもので、大本営を中心とした戦争指導が行われた。しかし大正三年（一九一四）から始まった第一次世界大戦は、国家総力戦、諸国連合戦争として戦われた。そして陸海軍の統合とともに、政治、外交、経済、人的物的動員などの総合戦力を発揮する指導の必要が明らかとなった。日本は本戦争を深刻に体験しなかったことや士気が萎靡沈滞《いびちんたい》傾向であった等のため、戦争方略や戦争指導機構の研究は甚だ低調であった。また近代戦に応ずる作戦準備は遅々として進展せず、とくに陸軍においては旧態依然として近代化の見るべきものがなかった。これに焦慮した陸海軍は、総力戦準備への道を求め、国防国家の建設、国策の樹立等に関与するようになるのである。

ところで満州事変では、関東軍、朝鮮軍が独断と称して独走し、既成事実を作って中央の事後承認を求める態度に出た。中央統帥部及び政府も現地軍に追随し、統制力は弱化し権威を失墜した。これは軍紀の本源にもとるものである。しかし断乎としてこの弊風を矯正しなかったため、下剋上《げこくじょう》の風潮はその後諸事件を引き起こし、軍部とくに陸軍は次第に強硬な態度に出るようになり、これと相関して政府は次第に弱体化し後退するようになった。

支那事変・大東亜戦争下の大本営　昭和十二年（一九三七）七月、蘆溝橋《ろこうきょう》事件に端を発した戦火は、急速に大陸に拡大して支那事変となった。政略上の理由により宣戦布告はしなかったが、現実には事変というよりは、まさに戦争であった。

これにたいし大本営を設けるか、戦争指導機関とするかどうかなど種々検討したのち、旧条例を若干修正し、十一月、宮中に大本営を設置した。これが大東亜戦争を通じて終戦まで存続した最高統帥部である。

これとともに、国務と統帥すなわち政戦略の統合調整を図る大本営政府連絡会議を設けた。連絡会議は統帥部と政府の申し合わせによって成立したもので、法制的根拠はない。しかし会議の決定については統帥部も政府もこれを尊重し実現に努力した。とくに重要な国策や戦争指導方略などは、御前会議により決定し権威あるものとされた。

連絡会議の運営は、ほぼ同様の状態で終戦まで続けられた。ただ昭和十九年（一九四四）七月、名称を最高戦争指導会議と改め、運営要領にも整備されるところがあった。

しかし大本営の実態は、陸海軍の対立と妥協、連絡会議は統帥部主導、政府追随であり、総合戦力の発揮には程遠いとみられる。

その原因の第一は、明治時代の戦争にくらべはるかに長期大規模となった総力戦にたいし、指導者は複雑多岐にわたる諸般の組織を合理的に運用する力量を必要とした。しかし長い間の因襲や伝統は、制度・規則を墨《ぼく》守する風潮を生じて運用の妙を発揮できなかった。

また陸海二元の統帥組織を一元的に運用できるのは、組織上天皇以外にない。明治時代には天皇の最高軍事顧問として、重要軍事問題解決に活躍した元帥も、昭和に入ってから以降、実質的な働きを見ることがなかった。さらに統帥権の独立は、その運用を硬直化し、統帥と国務の調節を困難にした。天皇の政治を側面から補佐する重臣（首相前歴者等）や側近も、明治の元老に代わる役割を果たすことは少なかった。

このような背景において昭和十九年（一九四四）二月、陸軍大将東條英機《とうじようひでき》が参謀総長に、海軍大将嶋田繁太郎《しまだしげたろう》が軍令部総長に親補され、東條は首相・陸相・参謀総長という一人三役、嶋田は一人二役を勤めた。国務と統帥、陸海軍の軍政と軍令を首脳者の併任により調節しようとする非常措置である。これが明治憲法下でできる限度ではなかったか。

最後になるが、終戦決定時における天皇の裁断は天皇親政の実を示すものであった。補佐者が決論を下すことのできぬ場合、最後の決断を下すことのできるのは天皇のみであったからである。

1　軍中央機構の創設と拡充

明治建軍初期の軍部中枢機構

徳川幕府の大政奉還のあと、慶応三年十二月九日（一八六八年一月三日）、王制復古が宣言されて明治新政府が成立し、軍事の大権は天皇に帰した。

翌年一月、仁和寺宮嘉彰親王《にんなじのみやよしあき》（明治三年東伏見宮、明治十五年小松宮彰仁と改名）が軍事総裁、征討大将軍に任ぜられ、徳川慶喜《よしのぶ》を擁する会津・桑名の藩兵を鳥羽・伏見で討伐した。ついで二月、有栖《ありす》川宮熾仁親王《がわのみやたるひと》が東征大総督に任ぜられ、戊辰《ぼしん》の役を戦った。すなわち天皇の軍事権の行使は、大将軍あるいは大総督に委任されたのである。

しかし、このときはまだ天皇直隷の軍隊はなく、総督は諸藩の軍を指揮統制したにすぎず、また中央における軍事組織もきわめて弱体であった。

軍の中央機構　新政府の軍事に関する中央組織は、慶応四年一月、三職（総裁・議定《ぎじょう》・参与）七課の職制により、海陸軍務課がおかれ、議定の岩倉具視《ともみ》、仁和寺宮嘉彰親王、島津忠義が海陸軍務総督に任じられ、海陸軍の練兵、守衛、軍務を統督した。これが明治建軍における中央軍事機関の起源である。

その後、まもなく二月には三職八事務局制となり、八事務局のなかに軍防事務局がおかれた。軍防事務局の長は軍防事務局督と呼ばれ、嘉彰親王が就任した。その職務は、海陸軍務課とほぼ同様であり、軍務処理機関としての組織化がようやく緒についた。

しかし同年閏《うるう》四月には、さらに官制改革があり、太政《だじょう》官制が定められた。太政官は議定・行政・神祇《じんぎ》・会計・軍務・外国・刑法の七官であり、強力な中央集権と司法・立法・行政の三権の分立を規定した。軍務官には、その下に海軍局・陸軍局の二局と築城司・兵船司・兵器司・馬政司の四司がおかれ、その長官である軍務官知事に嘉彰親王が続いて就任し、海陸軍の軍務を処理した。

慶応四年（一八六八）九月八日、明治と改元され、十月十三日天皇は東京城（江戸城）を皇居とした。明治二年七月、太政官制の改正があり、三権分立の制を廃して、神祇官と太政官を並立して設け、太政官には左大臣と右大臣が各一人おかれた。この太政官の下に民部・大蔵・兵部《ひょうぶ》・刑部・宮内・外務の六省をおき、二官六省制となった。太政官は直接天皇を補佐して国政に任じ、各省は担任業務の実施に当たる機関である。

兵部《ひょうぶ》省には卿・大輔《たいふ》・少輔《しょうゆう》・大丞《だいじょう》以下の職員と海陸軍それぞれの大・中・少将がおかれ、長官である兵部卿が海陸軍のすべての軍務を処理した。初代兵部卿は嘉彰親王である。兵部省は開設時京都におかれたが、明治二年十二月東京に移り、皇居和田倉門外の鳥取藩邸（三宅坂）に位置した。

翌三年（一八七〇）二月、省内に海軍掛、陸軍掛が設置され、海軍掛は軍艦、運輸船、各藩艦船、海軍操練所、海軍用所などに関する事項を、陸軍掛は陸軍に関するいっさいの軍務を扱った。これより海陸軍の分課は実質的なものとなった。

明治四年七月、太政官制が大きく改訂され、太政官は正院、左院、右院から成り、正院は太政大臣、左右大臣、参議で構成され、立法・司法・行政を総括し、諸省長の上に位置して天皇を輔翼《ほよく》することとなった。太政大臣は、政治・軍事を総括する天皇の最高輔翼者であり三条実美《さねとみ》が就任した。

この太政官のもとに大蔵・工部・兵部・司法・宮内・外務・文部の七省があり、各省の組織機構が整備拡充された。兵部省の長官は引き続き兵部卿であり「陸海軍兵力の整備、海防、守備、征討、発遣、兵学、操練」などを処理する任務を持ち、その権限が軍政・軍令の二方面にわたることをさらに明確に規定した。また兵部卿の任用資格は「本官少将以上」とし、武官専任制をとることを初めて明文化した。兵部卿には、嘉彰親王に代わり熾仁親王が就任した。

兵部省内には海軍部として秘史・軍務・造船・水路・会計局が、陸軍部として秘史・軍務・砲兵・築造・会計局が設けられ、海陸軍の軍務専掌機関を分立させた。

当時、兵部省本庁舎は皇居和田倉門外にあったが、海軍関係部局の多くは、徳川幕府海軍施設を接収した築地方面にあった。加えて拡大繁雑となってきた海陸軍務を一元化する不便さと、海陸軍の独立気運などが、兵部省を海陸軍省に分省させる要因となっていった。

陸軍省・海軍省の分立　明治五年（一八七二）二月、兵部省を廃止し、陸軍省および海軍省が設置された。両省ごとに、卿・大輔が設けられたほか、その機構は、ほぼ兵部省陸軍部、同海軍部をそのまま継承した。

両省発足当時、陸海軍卿はともに欠員であり、勝安芳《かつやすよし》が初代海軍大輔となり、まもなく初代海軍卿となった。また兵部大輔であった山県有朋《やまがたありとも》が陸軍大輔に転じ、ついで初代陸軍卿となった。なお陸海軍卿の任用資格については、このときは規定がなく、就任時の勝安芳は文官であり、山県は陸軍中将であった。

陸海軍省が分立したのは、陸海軍の拡充発展の現実と事務の能率化に応ずるためであったが、その背景には、為政者の軍事重視の思想があり、陸・海軍の中核勢力となった藩閥の対立意識が底流にあったと思われる。

なお公用語の「海陸軍」は「陸海軍」と称するよう改められた。

その後、陸・海軍両省とも機構は逐次改正し整備された。明治九年（一八七六）一月制定の陸軍省職制及事務章程によれば、「陸軍省ハ陸軍兵馬ニ関スル一切ノ事務ヲ管理スル所」とし、陸軍卿は「将官ヨリ之ヲ任ス」とその資格を規定し、その職務は「陸軍所管ノ軍人軍属ヲ統率シ一切ノ事務ヲ総判スルヲ掌ル」とされている。

いっぽう、海軍省は、海軍省職制及事務章程により「海軍戦艦ニ関スル一切ノ事務ヲ管理スルノ所」とし、海軍卿の資格については規定するところがなく、その職務は「海軍所管ノ軍人軍属ヲ統率シ一切ノ事務ヲ総判スルヲ掌ル」と定められた。

この時期における天皇直隷の軍隊は微々たるものであった。戊辰の役が終わったのちも、軍事権は実質的には依然藩主の手にあったが、明治四年二月、ようやく薩摩、長州、土佐三藩の献兵一万をもって天皇直隷の陸軍軍隊を創設した。同年廃藩置県が行われ、東京・大阪・鎮西・東北の四鎮台《ちんだい》が設けられた。明治六年一月、さらに二個鎮台が増設され、同年末の兵数は三万一六八〇名となった。

いっぽう、艦船も各藩からの献納、購入や徳川幕府軍艦を接収して艦隊を編成した。明治五年二月、海軍省設置の日、その管理する艦船は、大小合して一七隻、一万三八三七トンであり、明治八年六月の艦艇は二三隻、約一万八〇〇〇トンであった。

征討総督　陸海軍の軍政・軍令は、以上で明らかなように、おのおの一元的組織により運営され、さらに太政大臣の輔翼により天皇の軍事大権が発動されることになっていた。しかし、佐賀の乱、台湾征討および西南戦役においては、文官である征討総督に陸海いっさいの軍事ならびに将官以下の人事が委任された。

明治七年（一八七四）二月、前参議江藤新平《えとうしんぺい》らが佐賀の乱を起こすと、参議内務卿大久保利通《としみち》が征討のため現地に派遣された。このとき大久保は司法・行政の二権はもちろん、軍政および軍令の二権までも発令できる権限を、天皇から委任された。その後になり、東伏見宮嘉彰親王が征討総督に任ぜられたが、総督は征討に関する陸海いっさいの軍事ならびに人事・召募・編制に関することまでの委任を受けた。

明治十年（一八七七）二月、西郷隆盛らが鹿児島に兵を挙げ、北上をはじめると、征討総督有栖川宮熾仁親王も、征討に関する陸海いっさいの軍事ならびに人事について委任を受けている。天皇はこの戦役間京都に行幸し、陸軍中将鳥尾小弥太《こやた》が行在所所属の軍人を指揮した。

この征討総督の軍事行為は、右の権限に関しては太政大臣の輔翼を必要とせず、また陸・海軍卿の関与を許さないものである。このことは事変および戦時ともなれば、太政大臣ならびに陸・海軍卿に独立した一軍事機関が新たに発生し、政治、軍事の一元的組織が崩れたことを示すものであり、従来の軍事組織が再検討される一因となった。

参謀本部の独立

陸軍参謀局　明治四年七月の兵部省官制の改正において、省内別局として陸軍参謀局が設けられた。参謀局は「大輔ヲ都督トシ」「機務密謀ニ参画シ地図政誌ヲ編輯シ並ニ間諜通報ノ事」をつかさどる軍令管掌の専門局であり、軍令管掌機関独立の萌芽とみることができる。

この陸軍参謀局は、明治五年二月の陸・海軍省分立のときはそのまま置かれた。しかし翌六年四月の陸軍省の機構改正で、本省内局中に列して第六局となり、陸軍文庫を主管する一個の軍事研究機関となって、軍令管掌機関ではなくなった。軍令事項の多くは第一局が管掌した。

このころは未だ軍令、軍政の考え方が明確でなく、政・令の未分離あるいは混淆の状態であったので、軍制上は、行きつ戻りつの状態を示していたのである。

明治七年二月、第六局が廃止され、陸軍省の外局として参謀局が設けられた。このときは改称にともなう一時的措置であり、その職務は依然として陸軍文庫の管理であった。しかし六月、新たに参謀局条例が制定されて、軍令管掌機関として再び復活し、陸軍の軍事二元組織に向かって第一歩を踏み出した。

同条例によれば、参謀局長は陸軍卿に属し「日本総陸軍ノ定制節度ヲ審カニシ　兵謀兵略ヲ明カニシ　以テ機務密謀ニ参画スルヲ掌ル　平時ニ在テハ地理ヲ詳カニシ政誌ヲ審カニシ戦時ニ至リ図ヲ案シ部署ヲ定メ路程ヲ限リ戦略ヲ区画ス」と定められている。

ついで九月、陸軍省職制章程が制定され、参謀局の職責は「陸軍参謀科ノ事務並陸軍文庫ヲ掌ル」と定められた。

既述のとおり、佐賀の乱、西南戦役では、征討総督に陸海軍事の一切が委任されて戦われた。しかし、これにより文官である総督にたいする軍・政両権の包括的委任の弊が反省され、また本作戦の経験により、作戦軍の指揮系統確立、参謀能力の向上がとくに痛感された。したがって、平時から軍令系統を確立し、その地位を高める組織を制度化することが軍事的に必要と考えられるようになった。

また軍事一元化組織が不適当であるとする考えに影響を与えたものは、ドイツ軍制の移入である。

陸軍は、創設以来、フランス軍制にならってきたが、このころになると、一八七一年普仏戦争でフランスを破って強国となったドイツの軍制に拠《よ》ろうとする傾向になってきた。ドイツでは、軍の国家における地位が高く、その軍制は、軍政・軍令二元主義をとるものである。そして、これの熱心な献策者は、多年ドイツに留学し、同国の軍制を研究していた桂《かつら》太郎であり、これを採用するのに力のあったのは山県有朋であった。

以上の軍事的理由のほか、当時、急速に進展していた自由民権運動が軍隊に及ぼす影響を防止するため、軍隊および軍人と政治とを分離し、軍の政治的中立を確立しなければならないという考えがあった。当時の政府首脳者は、軍隊の現状に不安を抱き、速やかに軍隊を再編強化し、天皇親率の実を確立するため、軍令機関の独立に賛成であった。

また明治新政府は、政治と軍事が一体の組織となっていたが、その実態は両者混淆、未分離の状態にあったので、速やかに政権と兵権を分離し、おのおの主体性を確立したいという底流があり、ことに軍指導者層は、軍の地位向上を願う気運が濃厚であった。

これらの要因により、天皇直隷の軍令管掌機関を設けようとする議論が有力となったが、その議論はなお漠然としており、どのような組織を作るかも十分研究されないうちに新機関が設けられることとなった。

天皇直隷の参謀本部設置　明治十一年（一八七八）十月、陸軍省は、参謀局拡張の議を、陸軍卿西《さい》郷従道《ごうつぐみち》の名をもって太政官に上申した。それにはまず、陸軍の軍務を軍政と軍令に分け、軍政は陸軍省、軍令は参謀局が専任するが、参謀局の任務はきわめて重大であるので、参謀局を拡充して陸軍省から独立させ、政府行政の範囲外に置くことが必要であると主張したものである。

この上申は容れられ、十二月五日、参謀局を廃して新たに天皇直隷の参謀本部がおかれることになった。

参謀本部の独立は、太政大臣を頂点とする当時の政府機構から、陸軍軍令機関のみが離脱したことを意味するものであり、これは陸・海軍省の分立につぐ重大な変革であった。

このとき定められた参謀本部条例によれば、参謀本部は近衛・各鎮台の参謀部を統轄するところであり（第一条）、参謀本部長は、将官一人が勅命によってこれに任ぜられ、「部務ヲ統轄シ帷幕《いばく》ノ機務ニ参画」（第二条）し、陸軍軍令に関する天皇の最高の幕僚長として、その所定の軍令事項を管掌するものであることを定めている。

ついで平時および戦時における本部長の任務を規定しているが（第四〜第六条）、とくに戦時においては、すべての軍令に関する事項について直接天皇を輔翼すると述べている。すべての軍令とは、陸海軍を通ずるものであって、参謀本部長は、戦時における天皇の幕僚長となることを意味するものであった。しかし条文の不備のため、これは明文化されておらず、のちに問題となるのである。

参謀本部の機構は、総務課、管東局、管西局の一課二局制であった。

参謀本部の独立は、参謀本部と陸軍省の権限を明確にして紛議の生起を防ぐとともに両者の協調を円滑にする必要があった。このため陸軍省は、「本省ト本部ノ権限ノ大略」を作成し、内規とした。

十二月二十四日、陸軍中将兼陸軍卿、参議山県有朋が陸軍卿を免ぜられて初代参謀本部長に任じられたが、参議の職は依然兼任させることにより、政府と参謀本部の結合を図る処置がとられた。このとき陸軍中将西郷従道が陸軍卿となり、また参謀本部発足とともに同本部次長に陸軍中将大山巌《おおやまいわお》が任命され、人の面からの結合が図られた。

明治十二年（一八七九）十月、陸軍職制の全面的改定が実施された。これにより参謀本部長は「陸軍参謀科ノ将校ヲ統轄シ併セテ兵略ニ関スル図誌ヲ総理ス　凡ソ事軍令ニ関スル者ハ参謀本部長奏聞参画ノ責ニ任シ　親裁ノ後　陸軍卿之ヲ奉行ス」とし、参謀本部長の職責、天皇および陸軍卿との関係を明らかにした。

監軍本部　参謀本部が設置されてまもなく、同年十二月十三日、新たに天皇に直隷する監軍《かんぐん》本部が東京に設けられ、全陸軍の検閲ならびに軍令事項の執行にあたることになった。これも軍令専掌機関独立の趨勢に促進され、一挙に創設されたもので、その前身は陸軍三兵本部（明治四年〜同六年設置）である。

監軍本部には、本部長はなく、東部監軍部、中部監軍部、西部監軍部がおかれ、各監軍部長は天皇に隷して、平時は二個軍管（二個鎮台の所管）の検閲、軍令事項を分掌し、その方面の地理を詳かにし、戦時には師団司令長官（師団長）として、二個鎮台（常備現役の二個旅団と一後備軍）を統率するものである。

監軍部長は、太政大臣、陸軍卿、参謀本部長からも独立した地位にあり、これにより参謀本部長、監軍部長の管掌する軍令事項は、太政大臣の輔弼《ほひつ》によらないで実施されることとなった。しかし監軍部長の執行事項は、すべて参謀本部長の輔翼による天皇の軍令大権の発動であるから、軍令に関しては、従来よりさらに明確な一貫した系統が確立されたのである。

監軍本部創設とともに東部監軍部長に陸軍中将谷干城《たにかんじよう》、中部監軍部長に同野津鎮雄《のずしずお》、西部監軍部長に同三浦梧楼《みうらごろう》が任命され、統帥組織が整えられた。

海軍の中央軍令機関　明治四年七月、兵部省に省内別局として陸軍参謀局が設けられたとき、海軍にはこれに相当する機構はなく、軍令関係業務は兵部省海軍部内の海軍軍務局が担当した。明治五年二月、海軍省が設けられたとき以降も同様である。同年十二月から施行された海軍省条例によると、軍務局は「海軍文武官人別ノ調査並ニ軍事ニ亙ル諸務ヲ掌ル」とされている。

軍務局は明治七年五月から九年八月まで廃止されたが、その間は海軍省軍事課ついで海軍省事務課が海軍の中央軍令機能を担当していた。

明治十一年十二月、陸軍では参謀本部が陸軍省から独立したが、海軍では依然として、海軍卿が軍政と軍令の全権限と責任を保有しており、これに関する機構の改革は行われなかった。この時代における海軍艦艇はまだ微弱であり、海軍において専掌の中央軍令機関を組織する必要性が少なかったのである。

陸海軍令機関の統合

陸海軍令機関の拡充　参謀本部は、明治十一年設置後、数回にわたって改正を行い機構を拡充した。十五年（一八八二）一月、海防局が設けられた。海防局は「海岸防禦《ぼうぎょ》ノ方法ヲ調査シ海防会議ノ議案ヲ製シ且ツ砲台ノ築設ヲ監視スルヲ司ル」ところである。

海岸防禦に関しては、明治八年ごろから陸・海軍省間で討議が続けられ、とくに明治十一年から十六年にかけて「海岸防禦取調委員」が設けられていた。しかし常設機関とするには、その所管について陸海軍間で議がまとまらなかった。したがって陸軍は、ひとまず参謀本部に海防局を設け、全国海岸防禦の方策の研究を始めたのである。

当時、陸軍は、すでに東京湾の防禦に着手しており、いっぽう海軍は、鎮守府などの設置、海中防禦資材の調整、海防要点の調査などを実施していた。したがって陸海両軍が、海岸防禦について協同審議し、統一した計画のもとに施策を進めることが必要であった。

このため陸・海軍卿は、明治十七年（一八八四）十一月、「国防会議」新設の必要を上奏したが、翌十八年四月、これが裁可になり、国防会議条例が発布された。

この会議は「之ヲ帷幄《いあく》ノ中ニ置キ　国地防禦ニ関スル利害得失ヲ審議スル所」であり、議長には皇族をあて、陸海軍の老練の将官をもって会議を構成した。条例では、陸・海軍卿は本会議に列することになっているが、参謀本部長との関係は明らかにしていない。

この会議の名称は「国防会議」であるが、内容は国地防禦に関する検討である。全国防禦線の計画、鎮台・営所・鎮守府および軍港などの設置、永久築城の設立もしくは廃棄、鉄道・電信・道路・河港の新設改築などについて審議したと思われるが、その業績は明らかでない。

国防会議の設置は、陸海軍の緊密な調整、軍令機構統合の必要を示すものであった。しかし永続することなく、明治十九年三月、陸海軍統合の参謀本部が設置されると、同年十二月、本会議は廃止となった。

海軍においては軍備拡張、軍事諸機関の拡大に伴い、明治十七年二月、海軍省軍務局を廃して、海軍省の外局として軍事部が設けられた。これにより海軍の軍令専掌機関が、海軍卿の下にはじめて成立した。

海軍省軍事部の所掌は、兵制節度、艦隊編制、海岸防禦の方策、艦船砲銃水雷の利害得失、水路の難易などの研究、そのほか軍令兵略に関する事項であった。

軍事部長については「部長一人将官ヲ以テ之ニ補シ　所轄諸員ヲ統督シ部務ヲ総理ス」「部長ハ事

ノ軍令ニ渉リ若クハ兵略ニ関スル者ハ卿ノ機謀ニ参与スルヲ任トス」と定めている。

軍事部は、実質的には軍務局の改組であるが、軍令管掌機関として性格を変えた。軍務局が軍令・軍政事項を管掌したのにたいして、軍事部は軍事の講究、軍令兵略に関する管理を主任務としている。また軍事部は海軍省の外局になり、その地位・権限は拡大強化された。これは明治七年新設の陸軍参謀局に匹敵するもので、陸軍参謀局がやがて参謀本部に発展したように、軍事部も将来独立した軍令管掌機関となる性格を持っていた。

この軍事部初代部長には仁礼景範《にれかげのり》少将、次長に井上良馨《よしか》大佐が就任した。

同年十二月、新たに制定された条例により、軍事部は軍事計画をなすところと規定され、軍事部は従来持っていた少しの軍政機能は新設の総務局に移管し、軍事部の軍令機関としての性格をさらに明確にととのえた。

軍備の拡張整備　日本陸海軍は、明治四年の軍事新政策により、想定敵国をロシアとして軍備整備に努めていたが、国内諸般の急務に追われて容易にその実績をあげることはできなかった。しかもその軍備は、ロシアの進攻を受けた場合の本土を防衛する構想に基づくものであり、実態は未だ外国軍と戦う能力はなく、国内の治安警備に任ずる程度のものであった。

ところが明治七年（一八七四）の台湾事件以来、清国との間に種々摩擦を生ずるようになり、とくに韓国における市場支配権、政治的支配範囲を争うようになった。明治十五年（一八八二）の京城の変（反日的クーデター。日清両国が派兵して鎮圧したが、以後、清国の支配権が強化された）は、日本政府に強い刺激を与え、これより、従来の対露軍備は対清軍備に変更された。

陸軍は明治十五年、軍備拡張計画を立て、十八年までに歩兵二八個連隊、騎兵七個大隊、野砲兵七個連隊、工兵七個大隊、輜重兵《しちょうへい》七個大隊および屯田兵の兵力を整備することとした。

海軍は、明治十六年以降八ヵ年で、大艦六隻（うち新造五）、中艦一二隻（うち新造八）、小艦一二隻（うち新造七）、水雷砲艦一二隻（全部新造）、計四二隻（うち新造三二）の整備に着手した。

陸軍は兵力整備とともに明治十八年（一八八五）五月、鎮台条例を改正し、全国を七軍管とし、各軍管に鎮台をおいた。各軍管の常備部隊は、戦時には戦列隊と補充隊を編成するので、戦時兵力が二倍に拡大することになった。

鎮台条例改正に伴い、監軍本部を廃し、これを監軍部とする条例が制定された。監軍部は東部・中部・西部の三部から成り、各部に監軍がおかれた。監軍は、戦時には常備二個師団を統率する軍団長に任ぜられるもので、平時は天皇に直隷し、二個軍管を統管し、管下の軍令・出師準備・軍隊の検閲を管掌することとなった。

以上のような軍備充実とともに、日本が国内政治体制の整備、産業の振興に努めているとき、諸外国の日本にたいする脅威は次第に増大していた。明治十八年、フランス艦隊が台湾の澎湖島《ほうことう》を、イギリス艦隊が韓国の巨文島《きよぶんとう》を占領した。ロシア艦隊は、しばしば韓国近海に出没し、清国の日本に対する態度も憂慮されるものがあった。

そこで明治十九年には対島に警備隊をおき、各地の砲台建設を始め、水雷を敷設するなど沿岸防備の促進を図った。国際危機が深まるにつれ、日本の国防努力も真剣となってきた。

内閣制度の創設　政府は、来たるべき立憲政体下における責任政治に耐え、また複雑化した近代国家の庶政を処理するに適した行政機構を確立しようとし、明治十七年（一八八四）三月以来、伊藤博《ひろ》文《ぶみ》が中心となって研究を進めてきたが、ここに行政府の組織改革案が作成された。

これにより、明治四年以来一四年にわたって太政大臣であった三条実美は、明治十八年十二月二十二日、上奏して自らその職を辞し、太政官制を改め、内閣制度をとるよう奏議した。

その主旨とするところは、太政官制の下では、実際の国策決定の作用は主として参議によって行われていたが、制度上は太政大臣と左右大臣が天皇輔弼《ほひつ》の責任者とされており、また実際に政務遂行にあたる各省卿は、太政大臣に隷属する分官にすぎないものとされていたので、その事務遂行についは太政官の指令を受けねばならず、次第に近代国家としての政務処理に適しないものとなった。よって太政官が諸省の上に立つ制度を改め、内閣を組織し、内閣において政務を議し上奏するところとする。各大臣は直接天皇輔弼に任ずるとともに各省の長官としてその職に就く。各大臣のうち一人が中外の職務にあたり、天皇の旨を受けて全般の平衡・統一に任ずるというもので、天皇親裁体制をとることを強調したものである。

右の奏議は直ちに勅許され、同日、太政大臣・左右大臣・参議・各省卿の職制を廃し、内大臣・宮内大臣および宮中顧問官を宮中におき、内閣総理大臣および外務・内務・大蔵・陸軍・海軍・司法・文部・農商務・逓信《ていしん》の一〇大臣をもって内閣を組織することになった。

内閣制度樹立と同時に、新内閣機構の運営に関する準則として「内閣職権」が定められた。これは主として内閣総理大臣の職責を定めたものであり、

内閣総理大臣ハ各大臣ノ首班トシテ　機務ヲ奏宣シ　旨ヲ承ケテ大政ノ方向ヲ指示シ行政各部ヲ統督ス（第一条）

内閣総理大臣ハ行政各部ノ成績ヲ考ヘ　其説明ヲ求メ　及ヒ之ヲ検明スルコトヲ得（第二条）

としている。太政大臣は各省長官にたいして、完全な指揮監督権限をもっているが、内閣総理大臣はそのような強い権限は持っていない。

また重要なことは、参謀本部長の上奏（帷幄《いあく》上奏という）に関して、次のように述べ、統帥権との関係を規定していることである。

各省大臣ハ其主任ノ事務ニ付　時々状況ヲ内閣総理大臣ニ報告スヘシ　但事ノ軍機ニ係リ参謀本部長ヨリ直ニ上奏スルモノト雖《イエド》モ陸軍大臣ハ其事件ヲ内閣総理大臣ニ報告スヘシ（第六条）

参謀本部長は内閣の一員でなく、陸軍の軍令（統帥）事項については、直接天皇を輔翼していたが、「内閣職権」はその事実を法制的にも認めるとともに、総理大臣が右のような方法により、状況を把

握するように定めていた。海軍の軍令事項は、海軍大臣から報告を受けるのであり、他の大臣の報告と変わりはない。

初代内閣総理大臣は伊藤博文であった。新内閣成立後の明治十八年（一八八五）十二月二十三日、各大臣にたいし「内閣制度創始ニ関スル詔勅」が下された。これによれば、各省大臣の職責と地位を上昇させ、天皇親裁の下で、国家の運営を敏活にしようとする趣旨が述べられている。後世、内閣制度の可否が広く論じられるようになるが、内閣発足時の考えは右のようであった。

陸・海軍省の改組　内閣制度の創設に基づき、明治十九年（一八八六）二月、各省の通則となる各省官制とともに陸・海軍省の官制が定められた。

陸軍省の組織は、大臣官房、総務局、騎兵局、砲兵局、工兵局、会計局、医務局である。陸軍大臣の任務は「陸軍軍政ヲ管理シ　軍人軍属ヲ統督シ　所轄諸部ヲ監督ス」（第一条）とされた。

海軍省は、大臣官房、軍務局、艦政局、会計局から成り、海軍大臣は「海軍軍政ヲ管理シ　軍人軍属ヲ統督シ　所轄諸部ヲ監督ス」（第一条）とされている。

右の陸・海軍大臣の任務に関する条項は、そののち官制がしばしば改定されても、少しの字句の修正があっただけで、大東亜戦争の終戦まで存続したものである。内閣官制が実施されて初代陸軍大臣は陸軍中将大山巌《いわお》、海軍大臣は陸軍中将西郷従道《つぐみち》であった。

また今回の陸・海軍官制の第二条は、おのおの「陸軍省職員ハ武官ヲ以テ之ニ補ス」「海軍省職員ハ翻訳官ヲ除クノ外武官ヲ以テ之ニ補ス」と定めている。大臣も職員と解釈すれば本官制は大臣の補任資格を定め、大臣武官制をとったといえよう。しかし武官とだけ示し、陸海軍の別、階級なども指定していない。大臣の補任資格は、後世、国政運営上大きな問題となるが、当時は大して問題ではなかった。陸軍卿については、明治八年「将官」、明治十二年「陸軍将官」と定めていたが、明治十四年には規定がなくなり、今回「武官」とされた。海軍卿については、元来、補任資格の規定がなく、今回はじめて武官と定められた（この規定も明治二十三年三月の海軍省官制改定で削除されることになる）。

陸海統合の参謀本部　参謀本部は従来、陸軍の中央軍令機関であったが、明治十九年三月、根本的な大改正が行われ、陸海統合の中央軍令管掌機関となった。

皇族の参謀本部長のもと、陸海軍将官各一人を参謀本部次長として本部長を補佐し、その下に陸軍部と海軍部を併列しておくという機構であった。新参謀本部条例の主要条項はつぎのとおりである。

第一条　参謀本部ハ陸海軍軍事計画ヲ司ル所ニシテ各監軍部、近衛、各鎮台、各鎮守府、各艦隊ノ参謀部並ニ陸軍大学校、軍用電信隊ヲ統轄ス

第二条　本部長ハ皇族一人勅ニ依テ之ニ任ス　部務ヲ統轄シ帷幄ノ機務ニ参画スルヲ司ル

第三条　本部次長二人陸海軍将官ヨリ之ニ任シ本部長ヲ補佐シテ部事ヲ分担整理ス

第七条　其戦時ニ在テハ凡テ軍令ニ関スル者　本部長之ニ参画シ親裁ノ後　之ヲ監軍即チ軍団長、艦隊司令官、鎮守府長官ニ下ス

第八条　参謀本部ハ陸海軍部ノ二部ニ分チ　各部ニ三局ヲ置キ共ニ参謀大佐各一人ヲ以テ其長トシ各主務ヲ督理セシム

参謀本部長には、旧参謀本部長陸軍大将有栖川宮熾仁《たるひと》親王が、参謀本部次長には陸軍中将曽我祐準《すけのり》、海軍中将仁礼景範が就任した。また参謀本部陸軍部は旧参謀本部の機能を継承して、従来どおり三宅《みやけ》坂《ざか》に位置し、参謀本部海軍部は、海軍省軍事部の機能を継承して、当初は芝公園内の海軍省跡におかれたが、まもなく赤坂葵町海軍省構内の既設建物に移り、ついで海軍省構内の新設建物に入った。従って陸軍部と海軍部は、完全に分離して勤務した。参謀本部長は、三宅坂の方に出勤することが多かったが、葵町で勤務することも決して少なくはなかった。

しかし今回の機構改正により、海軍の軍令統轄機関の独立と陸海軍令統轄機関の統合がいっきょに実行された。すなわち、このときにおける軍事組織は、軍政統轄機関としては陸軍省、海軍省の二省であったが、軍令統轄機関は両軍を合して一元化されたのである。

海軍が軍政・軍令の二元組織をとったことは、海軍の軍備拡張とそれに伴う諸機関の発達がもたらしたものであるが、陸軍と対等であろうとする陸海軍併立思想のあったことが考えられる。

また陸海軍令統轄機関の統合は、用兵上からみて理想的な組織であり、統帥権独立の体制を一歩進めたこととなった。しかし参謀本部内の陸海軍の統制と協調を期することはきわめて困難であるので、陸海軍を超越し、軍人とか階級とかの資格を定めぬ皇族という身分のものを参謀本部長に任ずることにより、統合の実を得ようとしている。このことはまた、天皇と軍隊とを直結しようとする意図のあらわれでもあった。しかし、この制度が存続するためには、適任者である皇族が得られなければならぬという問題を含んでいた。

また、軍令事項と軍政事項は密接な関連があり、多くの点で重複するのが実情であったから、陸・海軍省と参謀本部間の権限と責任を明確にする必要があった。よって新参謀本部設置とともに、伊藤博文首相は、参謀本部長および陸相、海相に対し、これを「省部権限の大略」として通牒《つうちょう》した。

海軍では、軍令機関の独立ははじめてであるので、十九年四月、勅令により次のような海軍条例が制定された。

第一条　凡ソ事軍令ニ関スル者ハ参謀本部長奏聞参画シ親裁ノ後　海軍大臣之ヲ奉行ス

第二条　戦時ニ在テ親裁ノ軍令ハ　直ニ鎮守府司令長官若クハ特命司令官ニ下シ　帷幕ト相通報シテ間断ナカラシム

第三条　海軍ノ軍政ハ海軍省官制ニ依リ海軍大臣之ヲ掌ル

これは従来海軍大臣の管掌していた軍令事項を挙げて参謀本部長に移轄することを明らかにした重要な条例であり、海軍も陸軍と同様の体制をとることとなった。

軍事参議官　明治二十年（一八八七）五月、新たに軍事参議官条例が制定された。軍事参議官は「之ヲ帷幄《いあく》ノ中ニ置キ　軍事ニ関スル利害得失ヲ審議」するものとされた。すなわち軍事参議官は、天皇に直隷する軍事審議機関であり、先に述べた国防会議と同様、審議の結果を直ちに実施に移す権能はない。しかし、国防会議が国地防禦に関する利害得失を審議するのに対し、軍事参議官は軍事全般に関する利害得失を審議するので、その権限ははるかに広い。その運用が適切であれば、陸海統合に役立つものであった。

軍事参議官は、現職にある陸・海軍大臣、参謀本部長および監軍であり、特に軍事参議官として任命されたものはない。また議長や副議長も定められていない。この点は国防会議と異なるところで、軍政・軍令の最高輔翼責任者である当事者の連絡会議というものであった。

右の軍事参議官が設けられた五月三十一日、監軍部条例が定められた。監軍部に監軍一人をおき、大将もしくは中将をもってこれに任じ、天皇に直隷し、陸軍軍隊練成の斉一《せいいつ》を規画することとなった。この監軍部は、のちの教育総監部の前身であって、従来の監軍部とはまったく性格を異にするものである。

監軍は、内務大臣陸軍中将山県有朋が兼任した。

これにより陸軍省、参謀本部、監軍部が陸軍の最高三機関として併立した。

参軍 — 有栖川宮　参謀本部が発足して二年余を経過した明治二十一年五月、これらの組織を格上げする参軍官制が定められた。従来の参謀本部長は単なる官衙《かんが》の長官でなく、天皇の総参謀長であるので、その名称を「参軍」と改め、また参謀本部陸・海軍部をそれぞれ陸軍参謀本部、海軍参謀本部に格上げし、両参謀本部に陸・海軍将官各一名をもってその本部長とし、参軍を補佐し、部務を管掌させることとした。

参軍は「帝国全軍ノ参謀長」であり「皇族大中将一名ヲ以テ之ニ任シ」、天皇に直隷して「帷幄ノ機務ニ参画シ　出師計画、国防および作戦ノ計画ヲ掌ル」ものである。そして戦略上のすべての軍令に関しては、これに参画し、親裁ののち平時にあっては直ちにこれを陸・海軍大臣にくだし、戦時にあっては参軍がこれを師団長、艦隊司令官、鎮守府司令長官もしくは特命司令官に伝宣して施行させることとなった。

参軍官制とともに陸軍参謀本部条例、海軍参謀本部条例が制定され、陸軍参謀本部は陸軍軍事計画を、海軍参謀本部は海軍軍事計画をつかさどり、各本部長は部内いっさいの事務を統理し、参軍にたいしてその責に任ずると定められた。

参軍は陸軍大将有栖川宮熾仁親王であり、陸軍参謀本部長には陸軍中将小沢武雄、海軍参謀本部長には海軍中将仁礼景範が就任した。

陸軍では、右の参軍官制が制定された五月十四日、師団司令部条例が定められ、鎮台を廃して師団を設置した。師団長は天皇に直隷し、師管内にある軍隊を統率し、軍事に関する諸件を総理するものである。従って師管内軍隊の出師準備、徴兵、部下軍隊の練成など、軍政・軍令・教育など軍事に関するいっさいの責に任ずるものであった。

陸軍は、さきに監軍部の設立があり、師団編制の改革、財政整理の必要から参謀本部の組織改正を検討してきた。それに格上げの問題がからみ、既述の組織となったが、職名改称の理由を『参謀本部歴史草案』(参謀本部文書)では次のように述べている。

大元帥の参謀総長すなわち参軍は、軍事参議官の一人にして帷幄の機務に参画する。その管掌するところの事務は、陸海両軍にわたるので各部ごとの事務所をおかねばならない。この各部の事務を整理し、参軍を輔翼するものは、現在の参謀本部次長の任である。故に本部次長の名称を改めて本部長とし、陸海軍各参謀本部の事務を分担させる。

参軍官制下に、陸軍・海軍参謀本部が設立され、機構簡素化のため内部組織は三局制から二局制となったが、機能は従来と大差はない。職名改称、格上げにより、両参謀本部の責務は重くなった。これは陸海軍対立の萌芽ともみられるものである。

参軍官制では、この内部対立を避けるため、参軍に「皇族大中将一名」をあて、「帝国全軍の参謀長」としての職責を明文化し、その地位に威重を持たせるようにした。陸海軍統合のため、長に「皇族」という補任条件をつけた軍制は、これまで国防会議議長、参謀本部長、参軍があった。幸いおのおの適任者があった。しかし、このような制度は、もし適任者が得られなければ成立しないという欠陥がある。今後は参軍を最後として、このような制度をみない。

なお、参軍の名称はフランス軍の教典のなかから採用した。フランス軍では数軍を統率する指揮官の参謀長を参軍と称した。

明治憲法下の内閣制度　明治二十二年（一八八九）二月十一日、大日本帝国憲法（明治憲法）が発布された。本憲法は、天皇の統治権総攬《そうらん》のもとに、原則として立法、司法、行政の三機関を分立させ、帝国議会、裁判所、国務大臣がそれぞれの衝にあたるものとした。

憲法上、内閣という呼称はあらわれていない。ただ第五十五条に「国務各大臣ハ天皇ヲ輔弼《ほひつ》シ其ノ責ニ任ス」「凡テ法律勅令其ノ他国務ニ関ル詔勅ハ国務大臣ノ副署ヲ要ス」とし、大臣については、行政権の施行担任者というよりは、天皇の輔弼者という面がとり上げられていた。しかし憲法は、国務大臣の輔弼について統一と調和を図る機構を否定するものでなく、その組織を定めた「内閣官制」との関連においてできたものである。

憲法施行を目前に控えて、次期首相と目されていた山県有朋は、三条実美総理以下各閣僚の連署を得て、内閣制度改革に関する奏議を行った。それは前内閣（首相黒田清隆）において条約改定方針をめぐり国内に猛烈な反対運動が起こり、政府部内でも激しく意見が対立して、首相はこれを統制することができず、閣内不統一をもって総辞職した経緯に基づくものである。右の奏議では、総理の権限を弱め、かわって各省大臣の職責を重くし、天皇親裁の実を挙げ、天皇の力により閣内の統一を保とうとするものであった。

この奏議は裁可され、明治二十二年十二月二十四日「内閣官制」が公布された。それには、

第一条　内閣ハ国務大臣ヲ以テ組織ス

第二条　内閣総理大臣ハ各大臣ノ首班トシテ　機務ヲ奏宣シ旨ヲ承ケテ　行政各部ノ統一ヲ保持ス

第四条　凡ソ法律及一般ノ行政ニ係ル勅令ハ内閣総理大臣及主任大臣之ニ副署スヘシ　勅令ノ各省専任ノ行政事務ニ属スル者ハ主任ノ各省大臣之ニ副署スヘシ

とされている。内閣創設時の「内閣職権」では、首相は「……旨ヲ承ケテ大政ノ方向ヲ指示シ行政各部ヲ統督ス」とあったのが、右のように「……旨ヲ承ケテ行政各部ノ統一ヲ保持ス」となり、また首相が各省に対して「……説明ヲ求メ之ヲ検明スルコトヲ得」との条項が削除されている。すなわち、首相の各省大臣に対する権限が弱められ、相対的に天皇の直接的な影響が強まったのである。

これとともに勅令の各省専任の行政事務に属するものは主任の各省大臣が副署するよう改めることにより、各省大臣の責任を重くした。また第五条で閣議付議事項を列挙し、以下内閣の円滑な運営を図るための諸条項を定めている。

この内閣官制は、その後、小改正があっただけで明治憲法とともに生きていた。しかし後世、国家の近代化とくに戦争との関連において、内閣や首相の権限が国政統一の保持上弱体であるとして問題となるのである。

統帥権の独立　大日本帝国憲法には、左の条項がある。

第十一条　天皇ハ陸海軍ヲ統帥ス

第十二条　天皇ハ陸海軍ノ編制及常備兵額ヲ定ム

この二条項は、軍制の基礎をなすものであって、第十一条は軍令大権、統帥大権または帷幄《いあく》の大権といい、第十二条は編制大権または軍政大権といわれる天皇の軍事大権を定めたものである。

天皇の軍令大権の行使は、国務大臣の輔弼の外にあって、主として軍令管掌機関の長（憲法発布時は、帝国全軍の参謀長である参軍、明治二十二年三月、陸海統合の軍令機関が崩れたのちは参謀総長と海軍参謀部を統轄する海軍大臣）の帷幄の補佐によって行われ、国務大臣はその責に任じないものである（軍隊の統率運用など純統帥に関する事項であって、これを狭義の統帥権独立という）。

国務大臣の輔弼は憲法に明文があるが、帷幄の補佐については憲法には規定がない。従って、この輔翼は内部的関係にとどまり、大権の行使は、外部的には一般国務に独立した天皇の親裁として現れるものである。

編制大権の内容について、伊藤博文の『憲法義解』は「軍隊艦隊ノ編制及管区方面ヨリ兵器ノ備用、給与、軍人ノ教育、検閲、紀律、礼式、服制、衛戍《えいじゅ》、城塞及海防、守港並ニ出師準備ノ類」と述べている。ところが軍令（純統帥）と編制（軍政）とは密接な関係にあり、境界が不分明であって、大部分は軍令・軍政両属事項または混成事項と呼ばれるものである。

編制大権の行使は、主として陸・海軍大臣（軍部大臣）の輔翼により行われるものであることが憲法義解にも述べられている。しかし軍令・軍政混成事項のうち、軍機・軍令の性格の強い事項は、政府にはかることなく、軍部大臣が直接天皇に上奏し（軍部大臣の帷幄上奏）、輔翼に任じた（純統帥を含め、広義の統帥権独立という）。

憲法が発布になった明治二十二年の暮れ、既述のとおり十二月二十四日、「内閣官制」が公布された。その第七条に「事ノ軍機軍令ニ係リ奏上スルモノハ　天皇ノ旨ニ依リ之ヲ内閣ニ下付セラルルノ件ヲ除ク外　陸軍大臣海軍大臣ヨリ内閣総理大臣ニ報告スヘシ」と定められた。さきの「内閣職権」では「事ノ軍機ニ係リ参謀本部長ヨリ直ニ上奏スルモノト雖《いえど》モ　陸軍大臣ハ其事件ヲ内閣総理大臣ニ報告スヘシ」とあった。このとき海軍大臣は軍令・軍政の両方を管掌していたが、陸軍では参謀本部長が天皇に直隷していたときである。

内閣官制が定められたときも、軍令・軍政機関の機構上の関係は右と同様であり、文章は異なるが文意は変わらない。官制の条文では、「軍機軍令ニ係リ奏上」するものが誰であるかを記していないが、帷幄上奏するものは参謀総長と軍部大臣であることは明らかである。

統帥権独立は、憲法実施以前から国法上の原則として確認せられ、政府と帷幄とが分離されて、統帥権の行使は帷幄機関の掌るところであった。憲法は、その事実を容認する上に立っていることを内閣官制が示している。しかし、内閣官制に述べられている「軍機・軍令事項」の範囲が明確でないことは、その解釈をめぐり将来問題を生起するおそれを抱いていた。

すなわち明治憲法の基調は、天皇親政のもと、国務と統帥の二本建てであった。そこで国務と統帥とが、天皇統治下に、いかに調和を保ち、調整されるかという政略と戦略の統合がきわめて重要なことであった。

陸海軍令機構の分離　憲法が発布された直後の明治二十二年三月七日、参軍と陸・海両参謀本部が廃止され、陸海軍の軍令機関が分離して、参謀本部と海軍参謀部の二元組織となり、海軍参謀部は海軍大臣の隷下に復帰した。これにより海軍の軍政・軍令の二元組織は再び一元組織にもどった。

せっかく、約三年にわたり運営された統合中央軍令機関が、なぜ解消されたか理由は明らかでない。しかし著しく内容・性格を異にする陸海軍軍令事項を一人の参軍が統制することの困難、陸主海従を基調とする思想について海軍は不満であり、陸軍出身の参軍の下に海軍参謀本部長が隷属するのを欲しなかったこと、陸海両軍令機関の所在地が離れていることから生ずる事務処理上の不便、海軍の軍令業務は未だ簡単で独立した軍令機関を設けるよりも海軍省との密接な連絡を必要としたことなどと思われる。特に海軍側は解消を強く希望した。

海軍参謀部は、海軍大臣の下にあって、軍事の計画をつかさどることになった。従って海軍大臣は、海軍省官制に定められた業務のほか「帷幕ノ機務ニ参シ出師、作戦、海防ノ計画」に任ずることとなり、海軍軍政及び軍令の両機関を管掌した。

時の海軍大臣は西郷従道中将であり、海軍参謀部長には伊藤雋吉《としよし》少将が就任した。

海軍参謀部の分離により、陸軍側では参軍官制を参謀本部条例と改称し改正した。参謀本部は「之ヲ東京ニ置キ出師、国防、作戦ノ計画ヲ掌リ　及陸軍参謀将校ヲ統轄シ其教育ヲ監督シ陸軍大学校、陸地測量部ヲ管轄」するところとされた。また参軍の称を改めて参謀総長とし、陸軍参謀本部はそれに冠していた陸軍の二字を削って従来の称に復した。

参謀総長は「帝国全軍ノ参謀総長ニ任シ天皇ニ直隷シ帷幄ノ軍務ニ参シ参謀本部ノ事務ヲ管理セシム」と定められた。この「帝国全軍ノ参謀総長」というのは「参軍」の任務を受け継ぎ、戦時大本営の幕僚長である将官の平時における職名を表したもので、平時から海軍参謀部を統轄させるため殊更に示したものではない。

条例によれば「凡ソ戦略上　事ノ軍令ニ関スルモノハ専ラ参謀総長ノ管知スル所ニシテ　之カ参画ヲナシ親裁ノ後　平時ニ在リテハ直ニ之ヲ陸軍大臣ニ移シ　戦時ニ在リテハ参謀総長之ヲ師団長若クハ特命司令官ニ伝宣シテ之ヲ施行セシム」となっている。

「凡ソ戦略上　事ノ軍令ニ関スルモノハ……」の字句からみれば、陸海軍の区別なく軍令事項のすべてに及ぶものであり、参謀総長は陸海軍作戦計画等軍令の大本については、直接、天皇の輔翼に任じ、その実施にあたっては、陸海軍おのおのの統帥系統に従って奉行するの意である。

これは法制上の不備もあるが、陸軍側としては、戦時大本営の幕僚長である将官の平時における職名を明治十一年に参謀本部長と称し、二十一年参軍となり、二十二年以降参謀総長と称せられたものであると考えていた。これは戦時における大本営の幕僚長として陸海作戦の大計画を画策し、天皇を輔翼する長官は必ず一名でなければ統制が保たれないという基本的考えがあったからである。

しかし、この解釈に関する陸海軍間の認識の相違が、将来、両者の対立・紛糾を起こす一因となっている。

また参謀総長は「陸軍大将若クハ陸軍中将一人」とし、「皇族」という資格を削除した。これは陸海軍の軍令管掌機関が分離し、常時、両軍令事項を統轄する制度が改められ、また制度として皇族という身分に限定するの弊を正し、広く老練傑出した将官のなかから適任者を選任する主旨であった。

初代参謀総長は、陸軍大将有栖川宮熾仁親王、参謀次長は陸軍少将川上操六《そうろく》であった。

2　日清戦争と戦時大本営

戦時大本営条例制定

海軍参謀本部設置の提案　明治二十五年（一八九二）、日清両国間の暗雲がようやく濃くなってくると、陸軍では戦時諸編制を定め、また「戦時大本営」の条例についても検討を進めていた。ところが同年十一月、仁礼景範海相から伊藤博文首相に、海軍大臣隷下の海軍参謀部を廃し、海軍省から独立した「海軍参謀本部」を設置するよう請議書が提出された。

これによれば、軍令の性質上、軍機軍略に関することは、軍事の一般行政とは異なった規画が必要である。近時、海軍軍備の拡充整備に伴い、軍令事項はますます複雑となってきたので、海軍軍令管掌機関を独立の地位に置き、その職権を増大し責任を尽くさせ、軍政とよく調整し、海軍軍務の基礎を固めることが急務である旨を述べている。

海軍が今回、軍令・軍政一元組織を再び二元組織にしようとしたのは、右のように海軍兵力が増加し軍令事項が多くなってきたのが動機であるが、ここ数年の経験に徴し、軍令と軍政の機関を分離するのが軍事行政上妥当であると考えられたこと、海軍大臣が純軍令事項をも管掌するのは、憲法の条文上からみて特種の地位に立つものであること、また陸軍の二元組織に合わせることにより陸海対等の機構、勢力を整えようとすることなどが軍事的理由であろう。

また当時、政府と政党が激しく対立を続け、政党は攻撃の鉾先《ほこさき》を海軍に指向して、建艦費の削減や、海軍改革建議などの諸問題を起こしていた。これらの事件から、海軍は軍令権を議会の干渉外におき、政治的圧力を加えられないようにするため、軍政・軍令機関を分立する気運を促進したとみられる。明治二十六年（一八九三）一月、海軍は、海軍参謀本部条例案を陸軍側に示し協議したが、議はまとまらぬままこれを内閣に提議した。内閣はこれを上奏して勅裁を仰いだ。

明治天皇は、海軍参謀本部の長官の任務が参謀総長と同一であるため、とくに戦時において競合するのを心配し、参謀総長有栖川宮熾仁親王に、皇族中の元老という立場で意見を述べるよう下問された。同宮はただちに次のように奉答した。

「今、もし海軍参謀本部長と称する者をおき、天皇に直隷して帷幄の軍務に参画させ、参謀総長と併立させるならば、二人の画策が一致せず、陸海軍作戦計画の統一を損う場合の起こることは明らかである。とくに戦時の大本営において、二人の幕僚長をおくときは、そのおそれが大きい。あるいは大本営では、そのいずれかを首席とする考えならば、平時から二人の幕僚長をおくことは無意味である。平時陸海両軍の編制は、必ず戦時を顧慮して定められなければならない。戦時大本営で、陸海両軍の作戦を計画する幕僚長は、従来から規定されている参謀総長をもって任じなければ、不測の大患を招くであろう」

この意見書が奉呈されて数日後、天皇は再び同宮に下問された。そこで同宮は次のような第二の意見書をもって奉答した。

「陸軍と海軍は協力一致、一の方針により動作せねばならない。このため陸海軍が斉頭に併立して国防に任ずるという論が出てきたが、これは実現困難であって、協力一致の実を挙げるには、陸海両軍のどちらかが主幹となることが必要である。

わが国防の必要上からみれば、陸主海従とするのは明らかである。これによって平時から軍備を整え、戦時大本営の幕僚長は、陸軍の参謀総長であらねばならぬ」

この有栖川宮参謀総長の意見は、さきの仁礼海相の建議と鋭く対立するものであった。よって天皇は、ますます事の重大性を感じ、「海軍参謀本部」の設置について、次の諸官に会同協議するよう勅命した。

参謀総長　有栖川宮熾仁大将　　参謀次長　川上操六中将
陸軍大臣　大山　巖大将　　陸軍次官　児玉源太郎少将
海軍大臣　西郷従道中将　　海軍次官　伊藤雋吉少将
司法大臣　山県有朋大将（特旨により任命）

右の諸官は有栖川宮邸に会同し、反復検討すること数日、次のように決議して上奏した。

「平時から出師、国防及び作戦を計画しておかねばならぬことは、海軍も陸軍と異ならない。このため海軍に高等の参謀部をおくことは必要である。しかし元来、参謀総長は戦時に大本営の幕僚長となる者であるのに、もし海軍参謀本部の長の平時における職責が参謀総長と同一であるときは、戦時大本営幕僚長の候補者が二人ある形となり、戦時に臨んで、どちらを幕僚長とするかの紛議を生ずるおそれがある。よって、このため別に戦時大本営条例を作成し、これにその幕僚長は参謀総長である旨を規定しておく」と。

天皇は、この決議を嘉納された。参謀総長は直ちに戦時大本営条例案を起草し、陸海軍大臣が協議して、これを天皇に奏請した。その細部については後述する。

海軍軍令部の独立　海軍の軍令管掌機関の独立問題について、陸海軍の調整が成り、海軍は先に提出した条例案の海軍参謀本部を海軍軍令部と改称して奏請し、これと同時に戦時大本営条例、軍事参議官条例も提出され、明治二十六年（一八九三）五月十九日、いずれも裁可になり、同時に発布された。これにより海軍軍令部は、海軍省から独立した機関となった。

海軍軍令部は「出師、作戦、沿岸防禦ノ計画ヲ掌リ　鎮守府及艦隊ノ参謀将校ヲ監督シ又海軍訓練ヲ監視」するところであり、海軍軍令部長は、天皇に直隷し、帷幄の機務に参じ、部務の管理に任ずることになった。また戦略上事の海軍軍令に関するものは海軍軍令部長管知参画し、親裁ののち、平時にはこれを海軍大臣に移し、戦時には直接これを鎮守府司令長官および艦隊司令長官に伝宣するよう定められた。

初代海軍軍令部長には、中牟田《なかむ》倉之助《たくらのすけ》中将が就任した。海軍軍令部は、参謀本部と相対立する形となったが、当時の参謀本部条例（明治二十二年三月制定）との差異を求めれば次のとおりである。

一、参謀総長、海軍軍令部長ともに天皇に直隷し、帷幄の軍務（機務）に参ずるが、参謀総長は帝国全軍の参謀総長に任ずると規定されていること。

二、参謀本部は「出師、国防、作戦」をつかさどり「国防」という職責はあるが、海軍軍令部は「出師、作戦、沿岸防禦」の計画をつかさどる。

三、参謀総長は「戦略上事ノ軍令ニ関スルモノ」に管知参画するのであって、その軍令には陸軍とも海軍とも限定されていないが、海軍軍令部長は「戦略上事ノ海軍軍令ニ関スルモノ」と海軍に限定している。

この海軍軍令部の新設に伴い、同日、明治二十年五月制定の軍事参議官条例を改定し、軍事参議官に新たに海軍軍令部長を加えた。また旧条例では「軍事参議官ハ之ヲ帷幄ノ中ニ置キ軍事ニ関スル利害得失ヲ審議セシム」とあったのを「……軍事ニ関スル機務ヲ参議セシム」と改められた。

明治二十三年十二月、参謀本部条例の一部改定を行い、従来は単に「参謀総長ニ任シ」とあったのを「参謀総長ニ親補《しんぽ》シ」とした。ついで戦時大本営条例の制定に伴い、明治二十六年十月、参謀本部条例を全面的に改定し、戦時直接作戦に関係ある部分を削除して、平時における参謀本部の本務を明らかにした。

これによれば、参謀本部は「国防及用兵ノ事ヲ掌ル所」（第一条）とし、その担任範囲を拡大した。

また参謀総長は「天皇ニ直隷シ帷幄ノ軍務ニ参画シ又参謀本部ヲ統轄セシム」と定め（第二条）、従来の「帝国全軍ノ参謀総長」の「帝国全軍ノ」を削除した。

次に参謀総長は「国防計画及用兵ニ関スル条規ヲ策案シ　親裁ノ後　軍令ニ属スルモノハ之ヲ陸軍大臣ニ移シ奉行セシム」（第三条）と改め、戦時規定は大本営条例に移し、平時の措置だけを規定した。なお、平時から陸海軍の協調が進むよう、参謀本部条例の制定と同時に、海軍軍令部条例の一部改正が行われ、参謀本部の参謀二名が海軍軍令部部員に、海軍軍令部の参謀二名が参謀本部部員に兼補されることとなった。

戦時大本営条例　明治二十六年二月、天皇は海軍軍令機関の新設をみとめるとともに、戦時大本営条例の起草を命じた。戦時大本営とは、戦時において天皇が国軍を指揮する最高の統帥部である。この条例は、分立した陸海両軍令機関の戦時における関係を規定しようとするものであるから、きわめて至当の処置といえよう。有栖川宮参謀総長は、かねての研究に基づきただちに起草したが、その全文は次のとおりである。

第一条　天皇ノ大纛《たいとう》下ニ最高ノ統帥部ヲ置キ之ヲ大本営ト称ス

第二条　大本営ニ在テ帷幄ノ機密ニ参与シ帝国全軍即チ陸海軍ノ大作戦ヲ計画スルハ参謀総長ノ任トス

第三条　幕僚ハ陸海軍将校ヲ以テ組織シ共人員ハ別ニ定ムル所に依ル

第四条　大本営ニハ各機関ノ高等部ヲ置キ大作戦ノ計画ニ基キ其事務ヲ統理セシム

この条例中、第二条が海軍軍令部設置の前提条件となったものである。すなわち海軍軍令部が設けられると、将来、陸海軍の作戦計画に不統一の生ずることが懸念されたので、平時から戦時大本営条例を制定し、参謀総長がその幕僚長として、平時から帝国陸海軍大作戦を計画するよう規定することにより、陸海軍統合の実を挙げようとするものであった。

この条例案は、二月七日、大山陸軍大臣に移され、同大臣が西郷海軍大臣と協議した。海軍大臣は、三月十七日、第二条の「全軍即チ」を削除するほか異議なく、原案に同意である旨を回答した。したがって第二条は次のような条文となる。

第二条　大本営ニ在テ帷幄ノ機密ニ参与シ帝国陸海軍ノ大作戦ヲ計画スルハ参謀総長ノ任トス

よって陸海軍大臣は、この条例案に連署して奏請し、五月十九日に制定された。「全軍即チ」の語は、条文の内容上大した意味はない。陸軍側は、帝国全軍の参謀長であることをより明確に規定しようとしたのに対し、海軍側は、参謀本部が権限を強調するのに不満を感じたためであろう。

本条例をみるに、その特色として、まず陸主海従の伝統的思想を軍制の上に明らかに規定していることがあげられる。参謀総長と海軍軍令部長はともに天皇直隷であるが、戦時になって大本営が設けられる場合には、参謀総長が天皇の幕僚長となり、海軍軍令部長はその下にあって指揮を受け、参謀本部次長と並列する組織となっている。海軍側がこれを受け入れた動機は、直接には同年三月、勅命による陸海軍首脳会議の決議であるが、しかし当時における政党の反軍的態度や日・清両国間の情勢の緊迫化など、国内および国際情勢が陸海軍の提携結束を促進した背景のあったことを見逃せない。

また大本営の幕僚は、陸海軍の将校をもって組織するのであり、文官は幕僚に加わらないことを明らかにしている。すなわち戦時大本営は純統帥機関であり、作戦計画および作戦指導に関与するのは陸海軍将校であって、武官でないものは国務大臣であってもこれに加わらない趣旨である。

このことは戦争というものが、多分に武力戦を主体とするものであるという思想が強かったことを示すものであろう。本条例とともに軍事参議官条例の改正があり、陸海軍統合の処置はとられたが、政治と軍事の調整を図る新たな規定というものはなされていない。

陸海軍交渉の行き詰まり　有栖川宮参謀総長は大本営条例と同時に、同条例に付属する「陸海軍交渉手続」と「戦時大本営編制」を起案し、陸相と内議した。大山陸相は二月七日まず条例だけを海相に提示して討議し、その裁可をみたのち、五月二十四日、他の二件を内議案として西郷海相に移した。「陸海軍交渉手続」は「海軍ト参謀総長トノ平時ノ関係」を規定しようとするもので、その全文は次のとおりである。

第一条　陸海軍ヲシテ一致ノ運動ヲ為サシムル為メ参謀総長ハ平時ヨリ陸海軍務ノ要領ヲ審ニシ矛盾ノ事勿《なか》ラシム可シ

第二条　海軍軍令部第一局ニ分担スル事項及諜報《ちようほう》ニ就テハ海軍軍令部長定期若クハ必要アル毎

ニ参謀総長ニ移牒《いちょう》ス

第三条　国防及陸軍出師計画ニ就テハ参謀総長前条ト同ク海軍軍令部長ニ移牒ス

第四条　沿岸防禦及出師計画並ニ戦時陸海軍ニ直接連繋スル事項ニ関シ要スルトキハ参謀総長ハ海軍軍令部長ト諮議《しぎ》シ其決議ヲ奏上シ裁定ノ後陸海軍大臣ニ移ス

戦時大本営条例により、帝国陸海軍の大作戦を計画するのは参謀総長の任となった。しかし陸海軍の大作戦は、戦時になり初めて作成されるものでなく平時からの準備が必要であるが、いっぽう、戦時大本営条例は戦時にならなければ発動にならない。そこで右のような平時の業務規定を定めておくことが必要であったのである。

ところが、平時から参謀総長が海軍軍令部長の上位に立つこの案に、海軍側は直ちに反発と不満を示した。参謀本部や陸軍省は、しばしば海軍軍令部に催促したが回答が得られなかった。

陸軍側としては、この交渉手続きを規定しなければ、平時における陸海軍の連繋が密接に行われず、参謀総長は戦時陸海軍大作戦の計画者であると定められても、平素からの準備がなければ、国家の安危に関する重大な職責を尽くすことができず、国家のため遺憾であるとして、交渉を督促した。

西郷海相がこれについて、海軍側の別案を大山陸相に送ったのは、一年経過後の明治二十七年五月十六日であった。海軍案は「参謀総長ト海軍軍令部長トノ平時ノ関係」を規定すると修文し、

第一条　陸海軍ヲシテ一致ノ運動ヲ為サシムル為参謀総長及海軍軍令部長ハ平時ヨリ陸海軍務ノ

要領ヲ審ニシ矛盾ノ事勿《なか》ラシムヘシ

第二条　沿岸防禦、海軍出師作戦ノ計画及諜報ニ就テハ海軍軍令部長定期若クハ必要アル毎ニ参謀総長ニ移牒ス

第三条　国防及陸軍出師計画ニ就テハ参謀総長前条ト同ク海軍軍令部長ニ依牒ス

第四条　前諸条ニ依リ陸海軍ニ直接連繫スル事項ニ関シ要スルトキハ参謀総長及海軍軍令部長ハ互ニ諮議連署シテ其決議ヲ奏上シ裁定ノ後各陸海軍大臣ニ移ス

としている。これは平時においては両統帥部長を並頭におこうとするものである。これは統帥の一元化組織を強調する参謀本部の同意するところではなかった。陸相は海相に他日協議する旨を回答した。したがってこの交渉手続きは日清戦争前には間に合わず、戦後における問題として持ち越されることとなった。なお沿岸防禦については海軍の主務であるように解している点も、後に大きな問題となった。

大本営の編制　有栖川宮参謀総長の起案になる「戦時大本営編制案」は第一章「定員」、第二章「任務」から成っている。

定員として規定したのは侍従武官、軍事内局、大本営幕僚、兵站《へいたん》総監部、大本営管理部、陸・海軍大臣である。

このうち中核となるのは大本営幕僚であり、参謀総長を長とし、陸軍参謀官、海軍参謀官、陸軍副

官、海軍副官から成り、陸海軍参謀官はそれぞれ将官一名、少将もしくは大佐一名、佐官二名、大尉二名の陸海軍同数であり、それぞれ書記二名を属するきわめて少数精鋭の編成であった。なお、ここに将官一名とあるのは参謀上席将官と呼ばれるもので、参謀本部次長と海軍軍令部長が予定されていた。

また軍事内局長は通常古参侍従将官が、兵站総監は通常陸軍参謀上席将官がそれぞれ兼任し、野戦監督長官には経理局長が、野戦衛生長官には医務局長が就任するものとされた。任務の章で規定されている主なものは次のとおりである。

参謀総長は「陸海軍ノ大作戦ヲ計画奏上シ（此時陸海軍参謀上席将官之ニ陪席《ばいせき》シ又陸海軍大臣其地ニ在ルトキハ並ニ陪席ス）勅裁ノ後之ヲ陸海軍各独立指揮官ニ下令スルノ手続ヲ為ス」「総長ハ部下ノ各機関ヲシテ各自分担ノ任務ヲ尽シ協力一致全軍ノ目的ヲ達セシムルノ責ニ任ス」とされ、陸海軍参謀上席将官は「参謀総長ヲ輔佐シ常ニ機務ニ参与シ又各参謀官ノ勤務ヲ分課シ且之ヲ監督スルヲ任トス」とされている。

軍事内局というのは、将校ならびに高等軍属の人事関係業務を実施するところである。局員は、陸・海軍省の人事課長および課員が任命される。

兵站総監部は運輸通信長官部、野戦監督長官部、野戦衛生長官部を隷属、運輸通信長官部には鉄道船舶運輸委員、野戦高等電信部、野戦高等郵便部が隷属した。以上はすべて陸軍の機関であり、海軍の衛生長官、主計総監等は加わっていない。兵站総監は、兵站・運輸通信・野戦経理・野戦衛生の事務を掌り、管理部長は大本営の宿営設備・給食・大本営一般の守衛・軍紀風紀の維持・行軍護衛勤務に任じた。

なお陸海軍大臣の任務は、「参謀総長ノ全軍ノ大作戦計画奏上ニ陪列《ばいれつ》シ其裁定ニ因テ軍ノ現状及将来ノ情況ヲ明カニシ以テ両大臣ノ負担スヘキ百般補給ノ準備ヲ整理スルヲ要ス之カ為両大臣ハ陸海軍省及戦地外ニ在ル諸経理部ニ所要ナル命令及区処ヲ為スモノトス」となっていた。

西郷海相が大山陸相から本案の協議を受けたとき（明治二六・五・二四）、海軍側は海軍軍令部長の地位が低く、陸軍の編制定員が海軍に比して圧倒的に多いのを不満として久しく回答しなかった。兵站総監部は陸軍の機関であるので、陸軍の人員が多くなるのは当然であるが、海軍にはこれを改正する具体案を持たなかったのである。

翌年五月十六日、ようやく海軍側は、陸軍提示案の大部を認めるとともに定員中から陸海軍大臣を削除するよう求めた。当時の海軍の用兵思想では、軍隊を準備しその補給の責任を負うのは政府であり、大本営は軍隊の進退だけを指揮する統帥機関であるという考えであったからである。しかし陸軍側は、海軍大臣が不要ならばこれを削除しても、陸軍大臣を大本営におくことはきわめて緊要である。その理由は、陸軍大臣は大本営にあって常に大作戦の計画を知悉《ちしつ》し、現在および将来を顧慮し、軍隊の補充を保続し軍需品を整備し、補給上から軍作戦を牽制せず、その活動を自在ならしめなければならない。この主旨に基づいて陸軍一般の諸条規は定められていると主張して、海軍側と協議した。

このころ日清両国間の情勢は近迫していたので、陸軍側は海軍側の回答を督促した。六月四日、海軍側は、陸軍大臣のみ大本営に加え海軍大臣は除かれたいと回答した。よって六月五日朝、参謀総長は編制案を携行参内した。ところが海軍では、陸軍との均衡上、海軍大臣を編制に入れることに変更し、とつじょ陸軍側に連絡してきた。よって、すでに上奏途中にあった参謀総長はひとまず退下し、海軍の議を容れ、改めて上奏の上、裁可された。

この条例作成のときにおいては、政戦略の一致を図るために大本営に陸・海軍大臣を加えるという考えは強くなかった。とくに海軍においては、単なる編制上の均衡のためという理由であった。

戦時大本営の設置と運営

大本営を設く　明治二十七年（一八九四）に入り、すでに日本と清国との対立は、戦争にまで発展する勢いにあった。清国は、韓国の支配権を確立するため積極的であった。これにたいし日本政府は、列国との不平等条約の改正、国内政局の安定に努力中であり、対清外交は著しく平和的協調的であった。

しかし日本陸軍は強く主戦論を主張していた。とくに参謀次長川上操六中将は、日清両国は遂には戦わねばならぬものと判断し、鋭意軍制の改革と軍備の充実に努め、みずから清国と韓国を視察して実情を確認し、一意対清戦争の準備を進めた。そして閣議に招かれたさいには常に強硬論を唱えていた。

海軍部内には、陸軍のように主動的立場に立って開戦の是非を論じたものはない。それは海軍軍備の立ち遅れにより、未だ日清海戦における必勝の確信を持てなかったためであろう。

明治二十七年（一八九四）五月、韓国に東学党の乱（民族的宗教団体「東学党」の指導の下、外国の侵略と李朝の悪政に反対して起こした農民反乱）が起こり、清国は好機到来とばかりに、これを鎮圧する名目で清兵三〇〇〇名を韓国に送ることを決定した。この確報が日本に達したのは五月二十八日であった。当時、衆議院の開会中で、政党は政府の内政、外交を非難し激しく攻撃していた。

事態容易ならずと判断した政府は、六月二日、閣議を開き、議会解散を奏請することに決するとともに、参謀総長・次長の臨場を求めて韓国への出兵を内議し、伊藤博文首相はただちに上奏して裁可をえた。その派兵目的は居留民保護であり、兵力は混成一旅団と軍艦若干であった。

同日、天皇は、とくに陸海軍大臣、参謀総長、海軍軍令部長を呼び、軍隊派遣にあたり「卿等宜シク協議ヲ竭《つく》シ適宜処分スヘシ」という勅語を下し、また参謀総長にたいしては「陸海軍ニ関スル事項ヲ総裁」すること、「総裁ハ陸海軍将校及同相当ヲ以テ所要ノ機関ヲ総制スヘシ」と命じた。

六月四日、陸軍大臣官邸で陸海軍両大臣、両次官、参謀総長、同次長、局長、海軍軍令部長、局長

が相会し、出兵の手続き等を協議した。参謀本部は、派遣部隊が清軍と交戦する場合には、緩慢な平時の手続きによることはできないので、特別総裁をおくよう提案した。しかし海軍側はこれに同意せず、議論百出してまとまらなかった。終日討議ののち、海軍大臣が、前年制定の大本営を設置することを発議し、ついに衆議はこれに一決した。

翌五日、参謀総長は大本営設置を上奏し、ただちに裁可されて、参謀本部に大本営が置かれた。またこの日、第五師団の一部を動員し、陸軍少将大島義昌《よしまさ》を長とする混成旅団を韓国に派遣することになった。

元来、参謀本部は、特別総督を任命し戦地における陸海軍の統合を考えていたのにたいして、西郷海軍大臣は、広大な戦域で大きな機動力を発揮する海軍の特質にもかんがみ、むしろ最高統帥部における陸海軍の統一を望んだのであった。この両者の考え方にはそれぞれ利害特質があるが、とにかく今回は準備の周到を期するため、開戦決定以前に大本営の設立をみたのである。

大本営御前会議　六月五日、戦時大本営を参謀本部に設け、陸海軍武官をもってこれを編成した。その主要な職員は、侍従武官長兼軍事内局長陸軍少将岡沢精《くわし》、幕僚長陸軍大将有栖川宮熾仁《たるひと》親王（参謀総長）、陸軍上席参謀陸軍中将川上操六（参謀次長）、海軍上席参謀海軍中将中牟田倉之助（海軍軍令部長）、兵站総監川上中将兼任、運輸通信長官陸軍歩兵大佐寺内正毅《てらうちまさたけ》、野戦監督長官陸軍監督長野田豁通、野戦衛生長官陸軍軍医総監石黒忠悳《ただのり》であり、陸相は陸軍大将大山巖、海相は海軍大将西郷従道であった。なお七月十七日、枢密顧問官であった海軍中将樺山資紀《かばやますけのり》が現役に復帰して海軍軍令部長となり、中牟田中将に代わって海軍上席参謀となった。

六月十二日、大島混成旅団は逐次仁川に上陸して、京城に進駐した。清軍はすでに京城南方の牙山に上陸しており、後続の大部隊は続々と平壌《へいじょう》に集中し、艦隊は戦闘準備を進めていることが判明した。七月十七日、宮中において初めて大本営御前会議が開かれ、天皇臨御のもと、大本営の首脳が出席し、開戦やむなしとの重大な決意を固めた。この会議には天皇の特命を受けて、枢密院議長山県有朋が列席した。なお、今後は毎週火・金曜日が会議の日と定められた。

七月十九日、政府は清国に期限付交渉を求めるとともに、韓国への増兵にたいし警告を発した。これが最後通牒となったものである。大本営は、大島混成旅団にたいし、清軍の増派があれば独断対処するよう、また連合艦隊は清軍の増兵を阻止するよう命じた。

二十五日、連合艦隊の一部は豊島沖海戦で大勝を博し、また大島混成旅団は二十九日牙山を占領した。八月一日、日清両国はついに宣戦を布告し戦争に入った。

これより先、七月二十六日、総理大臣伊藤博文にたいし外交・政略・財政の関係上、首相として軍事行動の詳細を承知しておく必要があるから、大本営御前会議に出席するよう勅命があった。戦時大本営条例によれば、大本営の幕僚は陸海軍将校のみをもって編成されることになっていたが、政府と統帥部の連繋を密にするため、このような処置がとられたことは特記すべきことである。その後、外務大臣陸奥宗光《むつむねみつ》も特旨により大本営会議に列した。

八月五日、大本営は宮中に移され、参謀総長は日本陸海軍作戦の基本方針を上奏し裁可をえた。それは陸軍主力を渤海《ぼっかい》湾頭に輸送し、直隷平野（現在の河北省）で清軍と決戦を行うのを作戦目的とするが、その成否は一に海戦の勝敗によるので、作戦計画を二期に分けて立案した。

その第一期は、まず第五師団を韓国に派遣して清国軍をこの方面に牽制し、国内にある陸海軍は要地を守備し、出征を準備し、また艦隊は前進して清国海軍を撃破し、黄海および渤海湾の制海権の獲得につとめる。

第二期は、海戦の結果をまって行うもので、これを甲、乙、丙の三個の場合に分ける。制海権を獲得した場合（甲）は、逐次陸軍主力を渤海湾頭に輸送し直隷平野で清国野戦軍と決戦をする。渤海湾の制海権は得られないが、清国海軍も日本近海を制することができぬ場合（乙）は、陸軍主力を韓国に進出させ、同国を防衛する。まったく制海権を失う場合（丙）は、日本の内国において防備し来襲する敵を撃破するという内容であり、種々の場合に応ずる大方針を定めたものであるが、きわめて堅実慎重を期した策案であった。

ところで、清国が開戦を決定したのは七月中旬である。そのときの清国の作戦計画は、㈠海軍は、主力を北部黄海に集めて渤海湾口を抑えるとともに、陸軍の海路輸送を掩護《えんご》し、また在韓陸軍に策応する、㈡陸軍は、まず平壌付近に集中したのち、在韓日本軍を撃攘するという構想である。これはまったく防守的で、とくに優勢な海軍を保有しているにかかわらず、その運用において黄海さらに日本近海の制海権を獲得しようとするような積極的戦略ではなかった。

広島大本営　大本営は、第五師団を逐次韓国に進出させて牽制作戦にあたらせ、海軍の精鋭をもって編成した連合艦隊に、清国の北洋艦隊との決戦を求めさせた。しかし、連合艦隊は敵艦隊と遭遇することができず、八月中旬になっても艦隊決戦の時期はほとんど予期できぬ状況となった。したがって年内に直隷平野で決戦を求める望みはまったくなくなった。

そこで大本営は、まず作戦方針乙の場合に準拠し、清軍を朝鮮半島から駆逐し、明春に予期する大決戦のため、あらかじめ地歩を占める目的で当年の作戦を進めることにした。

このため第三師団を逐次渡韓させ、在韓師団を基幹として第一軍とし、朝鮮半島の作戦にあたらせることとした。八月二十九日冬季作戦方針を定め、第一軍の戦闘序列（天皇の命ずる戦時における作戦軍の編組）を下令した。軍司令官は陸軍大将山県有朋、参謀長は陸軍少将小川又次《またじ》である。

この冬季作戦方針は、翌春の直隷平野の大決戦のための準備として、当年冬季間に行う作戦の方針であり、将来一部の兵力で旅順半島（金州以南の部）を占領し、第一軍を北進させて清国軍を奉天方面に牽制させ、決戦兵力を平壌付近に集中させる。また状況により一部をもって台湾を占領させるという構想であった。

八月三十日、天皇は、出陣しようとする山県軍司令官とその幕僚、それに特に伊藤首相を呼び、次の内容の勅語を与えた。

すなわち、中央においては、文武相応じて国家の大計を周密に協議し、軍事上においては大本営と出征軍、現地の陸海両軍が緊密に協調し、出征軍指揮官と現地外交官がよく気脈を通じ、とくに政戦両略の一致を図り戦争終結の大計を誤らぬよう諭した。これは伊藤首相の献策によるといわれるが、戦争指導上の重要な心構えを述べたものであった。

大本営は、九月十三日東京を出発し、十五日広島着、第五師団司令部に開設した。広島は戦地に近い水陸交通の要地である。この広島に大本営を進めたのは、出征陸海軍の指揮を敏活にし、内地にある諸隊の発進を容易にし、天皇みずから陸海全軍統率の実を挙げるためであった。天皇は、師団司令部会議室に起居し、毎日、大本営会議に出御するとともに、一般政務も処理した。

広島に大本営が転進した翌十六日、第一軍は平壌の清軍を撃破してこれを占領し、翌十七日には黄海海戦で連合艦隊が大勝を博し、ほとんど黄海の制海権を獲得した。

大本営の作戦指導　大本営は、翌年山海関《さんかいかん》付近に上陸するための根拠地として、旅順半島を攻略するため、十月三日、第二軍の戦闘序列を下令した。軍司令官は陸軍大将大山巌である（このため陸相は西郷海相が一時兼務）。

十一月上旬、第一軍は鴨緑江《おうりよっこう》付近で勝利をおさめ、同月下旬第二軍は旅順を占領した。山県軍司令官は病気のため、十二月十八日第五師団長野津道貫《のづみちつら》と交代した。年を越して一月二十四日参謀総長有栖川宮熾仁親王が死去し、二十六日近衛師団長陸軍大将小松宮彰仁親王が参謀総長に親補された。

これより先、大本営は十二月十六日、第二軍に兵力を増加して山東半島の作戦を命じた。第二軍は連合艦隊と協力して二月上旬威海衛《いかいえい》を占領し、連合艦隊は清国北洋艦隊を降伏させて渤海湾の制海権を獲得した。本作戦の実施は伊藤首相の献策による所が大きい。

いっぽう、第一軍主力と第二軍の一部は北進し、三月上旬には遼河河口付近一帯の清国軍を撃退した。また連合艦隊の主力と陸軍の一支隊は、三月下旬台湾の澎湖島《ほうことう》を占領した。

大本営は三月上旬、直隷平野に決戦を企図する第二期作戦計画を定めた。この計画では、内地から二個師団を出征させ、大本営も旅順ついで山海関付近に進出し、戦地における作戦を指揮する予定であった。しかし天皇の健康上の懸念もあったため、三月十六日参謀総長小松宮彰仁親王を征清大総督に任じ、大本営のうち作戦に必要な諸機関を割いてこれに従属させ（総参謀長川上中将、海軍上席参謀樺山中将）、出征全軍を統帥させることとした。征清大総督は四月十三日宇品を出発し、十八日旅順に到着した。

いっぽう、三月中旬から下関で講和談判が行われ、講和条約は四月十七日調印、二十一日批准《ひじゅん》された。ところが露・独・仏三国の干渉が起こり、日本が清国から得た遼東半島を返還するよう要求してきた。

広島大本営では政府・軍の首脳が参集して御前会議を開き、さらに慎重に検討した結果、三国の勧告を容れて遼東半島を清国に還付することとし、五月五日、関係諸国に連絡した。

山県陸相（三月七日就任）は旅順に赴き、征清大総督府に右決定の勅命を伝え、再戦論者を慰撫説得した。大総督府は、五月二十二日京都に凱旋した。

大本営は、四月十七日、まず京都に移動し、ついで五月三十日東京に帰還した。

講和条約により、台湾は日本の領土となったが、治安が不良であったので、五月から二個師団を派遣し、翌年三月になり、ようやくこれを鎮定した。

これにより大本営は明治二十九年四月一日解散を命ぜられた。大本営が設けられてから二二ヵ月、最高統帥部としてだけでなく戦争指導機関として、よく機能を発揮し、天皇親政、親率の実を挙げたのである。

3 日露戦争と大本営

対露軍備の整備

ロシアの満州・韓国への進出　ロシアは、日清戦争が終わると露清密約を結んで満州進出を図り、明治三十一年（一八九八）東清鉄道の敷設権を獲得し、さらに宿望の旅順《りょじゅん》・大連租借《そしゃく》協定を締結した。欧米列強の侵略も清国に殺到し、ドイツは膠州湾《こうしゅうわん》を、フランスは広州湾を、イギリスは威海衛《いかいえい》を租借し、また鉄道敷設権獲得競争が開始された。しかも欧米列強はハワイをはじめ、フィリピン、南洋諸島、サモア諸島、オーストラリアなど太平洋全域に勢力圏の拡大を推し進めた。

ロシアはその後、旅順・大連の経営に力を注ぎ、韓国進出については、いちじ日本と協調的態度に出ていたが、三十三年（一九〇〇）になると、韓国に迫って、馬山付近を艦隊泊地として租借した。また巨済島《きょさい》とその対岸の陸地をロシア以外に租借させないという露韓密約を結んだ。さらに鴨緑江《おうりょっこう》畔の資源開発の利権を獲得し、その勢力は次第に朝鮮半島を南下してきた。このため、臥薪嘗胆《がしんしょうたん》、ひたすら国力の充実を図る日本と、極東侵略の企図を露骨にあらわしてきたロシアとが、韓国を舞台として激しく対立するようになった。

いっぽう、列国の侵略に対する清国民の憤激が爆発して、三十三年（一九〇〇）五月義和団《ぎわだん》の蜂起となり、北清事変に発展した。日・英・米・仏・伊・独・オーストリア・ロシアなど清国に利権を持つ列国は、共同出兵し天津・北京に進攻して公使館を救援し、居留民を保護した。

このとき日本は、まず陸戦隊を派遣して六月三日、北京公使館を護衛させ、ついで各国連合の陸戦隊に参加して大沽《ターク ー》砲台を占領した。ついで参謀本部第二部長福島安正少将を清国臨時派遣隊司令官に任命し、第五師団の一部を派遣して、七月十四日天津《テンシン》を占領した。

しかし事態がさらに悪化したので、第五師団（師団長山口素臣《もとおみ》中将）基幹の部隊を天津に派遣し、山口中将が派遣諸隊を指揮した。

この間、参謀本部次長寺内正毅中将が天津に派遣され、連合各国軍の諸将と協議し、相協力して北京に向かう作戦計画を検討した。福島少将は山口中将到着後、連合軍の参謀として行動した。連合軍は、清国軍を撃破しつつ前進し、八月十四日北京に進入した。講和交渉は難航したが、三十四年（一九〇一）九月七日になって条約の成立をみた。

この北清事変間、ロシアは東清鉄道を防衛するという名義で大兵を出兵し、たちまち満州全部を占領した。そしてその勢力はさらに韓国の上に伸びてきた。

これにたいし日本は、独力でロシアの勢力を韓国から掃討することは至難であった。そこでロシアと協定の道をもとめてその侵略政策を緩和させるか、欧州の他の国と提携しロシアに対抗するかが考えられた。しかし日本との提携に積極的なイギリスと結ぶ気運となり、三十四年六月成立の桂太郎内閣は、日英同盟締結を大いに推進した。そして三十五年一月三十日ついに調印の運びとなった。本同盟は、のちに、日英双方にとって大きな力となった。

北清事変間の統帥命令　北清事変が始まり、第五師団がすでに動員して行動を開始していたが、戦時もしくは事変に際し、まだ大本営が置かれない間、動員した諸部団隊が授受する命令・報告について、従来確然とした親定がなく、その取扱い上判然としないところがあった。

よって参謀総長は七月二十日、戦時もしくは事変に際し、まだ大本営が置かれない間、動員した諸部団隊に関する諸勤務の実行は左の規定に拠るよう上奏し、裁可を得た。

一、凡テ動員セシ部隊ハ戦時諸勤務ノ規定ニ準拠シ諸勤務ヲ実行スヘキモノトス

二、動員シタル部隊ニ下スヘキ軍令ハ参謀総長策定シ　允裁《いんさい》ヲ仰キ勅ニ依リ参謀総長之ヲ奉行ス
　同時ニ陸軍大臣ニ通報ス

三、戦時高等司令部勤務令第二十条ニ依リ動員部隊ヨリ大本営ニ致スヘキ通信ハ凡テ参謀本部ニ
　於テ之ヲ受理スルモノトス

また従来、軍隊の進退はもちろん、すべて作戦に関することは細大となく奏上して允裁《いんさい》を仰いできた。しかし物事には大綱と細目があり、軍務多端となった今日、細目まですべて奏請するのは天皇の政務をわずらわすおそれもあり、今後は主要な作戦命令のほか、その命令に随伴する細目事項は、単にあらかじめ侍従武官長を経て天皇に申し上げ、その実施は参謀総長に委任されるよう、七月二十四日、上奏し裁可された。

これにより参謀総長に臨機応変の便宜が与えられ、統帥を敏活にすることができた。

対露軍備を進める　日清戦争が終末に近づいたころから、陸海軍はロシアに対する軍備の大拡張を研究し、計画した。伊藤内閣の明治二十九年度予算は戦後経営を主とするもので、その大綱は陸海軍の整備を図ることであり、議会はこれに賛同し予算を可決した。

陸軍の計画は、第七〜第十二師団の六個師団と騎兵二個旅団、砲兵二個旅団を増設しようとするものである。二十九年三月、陸軍の平時編制を改正し、三十年十二月から新設師団の編成に着手して、おおむね三年後に完了することができた。

海軍は、戦勝により清国艦艇一七隻を入手したが、対露戦備としては不十分であるので、新たに明治二十九年度から一〇ヵ年計画で甲鉄戦艦四隻をはじめとし、大小艦艇九四隻、ほかに雑船五八四隻を建造する計画をたてた。これは六六艦隊（戦艦六隻、装甲巡洋艦六隻を基幹とする連合艦隊）を目指すものである。この建造計画は逐年進捗《しんちょく》して、三十五年にはほとんど全部完工し、さらに鋭意戦備の充実に努めた。

なお陸軍では、軍備拡充に応ずるため、二十九年八月、東部（東京）・中部（大阪）・西部（小倉）都督部を設けた。都督は天皇に直隷し、所管内の防禦計画の作成、教育の斉一進歩を図り、戦時には軍司令官となる予定であった。

また陸軍教育全般を管掌してきたのは監軍部であったが、三十一年一月廃止になって陸軍大臣がこれを担当し、大臣の下に教育総監部が設けられた。しかし三十三年四月、天皇に直隷する教育総監部が設けられ、陸軍全般の教育の斉一進歩を規画するよう定められた（都督の軍隊教育の職責は削除となり、教育総監の職責となる）。このころ教育総監の地位は未だ低かったが、天皇直隷機関の長官として、陸軍大臣・参謀総長とともに、のちには陸軍三長官と呼ばれるようになった。

海軍でも、従来、海軍省軍務局が担当していた教育事務を独立させて海軍大臣に隷属する海軍教育本部を新設、主として海軍諸学校を管轄し、海軍軍事教育の統一進歩に任じさせた。

陸海軍対等を目指す　日清戦争の実績に基づき、明治二十九年（一八九六）三月、海軍軍令部条例が次のように改正された。

第一条　海軍軍令部ハ之ヲ東京ニ置キ国防及用兵ノ計画ヲ掌《つかさど》リ教育訓練ヲ監督ス

第二条　海軍軍令部ニ部長ヲ置キ海軍大将若クハ中将ヲ以テ之ニ親補シ天皇ニ直隷シ帷幄ノ機務ニ参シ部務ヲ管理セシム

第三条　海軍軍令部長ハ海軍軍令ニ関スル事ヲ掌リ之カ参画ヲ為シ親裁ノ後海軍大臣ニ移ス

これは、明治二十六年十月改訂の参謀本部条例の条文と字句をそろえ整理されたものであり、この改正のねらいは、平時における陸海両統帥部は対等であることを明示することであった。なお、この条例は三十一年一月の改定で第一条の「教育訓練ヲ監督ス」の字句がはずされたほか変わりなく、昭和八年の「軍令部令」制定時まで続いている。

二十九年五月、海軍軍令部条例が改定された一ヵ月余りののち、参謀本部条例が改正された。その理由は、日清戦争の経験により、参謀本部の組織を拡張し、将来帷幄にあって大作戦の画策や指導に順応させるというのであり、その主要条文は次のとおりである。

第一条　参謀本部ハ国防及用兵ニ関スル一切ノ事ヲ掌ル所トス

第二条　参謀総長ハ陸軍大将若クハ陸軍中将ヲ以テ親補シ天皇ニ直隷シ帷幄ノ軍務ニ参画シ国防及用兵ニ関スル一切ノ計画ヲ掌リ又参謀本部ヲ統轄ス

第三条　参謀総長ハ国防ノ計画及用兵ニ関スル命令及条規ヲ立案シ親裁ノ後之ヲ陸軍大臣ニ移ス

これは旧条例とほとんど変わりない。第一条で「国防及用兵ノ事ヲ掌ル」が「国防及用兵ニ関スル一切ノ事ヲ掌ル所トス」とし、依然陸主海従思想をあらわしている。

なお組織の拡充、定員の増加については、幕僚業務の専門化、戦時における司令部要員の確保、各国軍事情勢把握のため海外派遣将校の増加等の理由をあげている。

参謀本部条例は、明治三十八年十二月、条文中の字句の小修正があり、四十一年十二月の改定で第三条を削除し、これを「陸軍省、参謀本部関係業務担任規定」のなかに移した。昭和十一年にも改定が行われたが、主任務の変更されたところはない。

元帥府の新設　明治三十一年（一八九八）一月十九日、天皇の軍務を輔翼する最高機関として元帥府が設けられることになった。このときの詔勅には「朕《ちん》カ軍務ヲ輔翼セシムル為メ特に元帥府ヲ設ケ陸海軍大将ノ中ニ於テ老功卓抜ナル者ヲ簡選シ　朕カ軍務ノ顧問タラシメントス」と述べられている。

同日制定の元帥府条例の主要条項は次のとおりであった。

第一条　元帥府ニ列セラルル陸海軍大将ニハ特ニ元帥ノ称号ヲ賜フ

第二条　元帥府ハ軍事上ニ於テ最高顧問トス

第三条　元帥ハ勅ヲ奉シ陸海軍ノ検閲ヲ行フコトアルヘシ

翌二十日、陸軍大将山県有朋、同小松宮彰仁親王、同大山巌、海軍大将西郷従道の四名に元帥の称号を賜い、元帥府に列せられた（西郷隆盛が明治五年七月、陸軍元帥となった先例があるが、これは陸軍職制にある官職の名称であって、今回の元帥とはまったく異なるものである）。

この条例によれば、元帥は一定の国法上の職務がなく、定期的会合も出務する官庁もない。また最高顧問としての責任は、元帥会議というような意見を総合する機関がないため、元帥の個人個人の責任である。そして元帥には停年制がないために、終身陸海軍大将として現役に服するのである。

元帥と明治二十六年制定の軍事参議官は、ともに天皇に直隷することには変わりない。しかし軍事参議官が軍事に関する機務に参議するのに対し、元帥は天皇の軍事上における最高顧問であるから、その権能は高度であり、また広範である。

また軍事参議官は、軍政・軍令機関の現職の長官が任じられ、その会議では、陸・海軍に関すること、あるいは陸海両軍に関することを審議するのにたいし、元帥府は陸海軍を超越した存在であって、軍事参議官よりはるかに高い権能と権威をもつものであった。

このような元帥府が設けられたのは、対露作戦準備として軍事上の必要に応ずるものであった。しかし内部的事情としては、山県有朋等軍指導者が、伊藤博文等文官派や新興の政党勢力にたいし、軍の地位を固めようとする意図があったものと思われる。

実際において、設立当初の元帥府は軍政・軍令の上部に位置し、絶大な威力を有していた。しかし後世、大正・昭和の時代になると、次第に設立当初の目的が転じて、老将優遇の意味に変わっていったようである。

元帥府条例制定以来、元帥府に列せられた者は、陸軍では山県有朋、小松宮彰仁親王、大山巌《いわお》、野津道貫《みちつら》、奥保鞏《やすかた》、長谷川好道《よしみち》、伏見宮貞愛《さだなる》親王、川村景明《かげあき》、閑院宮載仁《ことひと》親王、寺内正毅《まさたけ》、上原勇作、久邇宮邦彦王、梨本宮守正王、武藤信義、寺内寿一《ひさいち》、杉山元《はじめ》、畑俊六《しゅんろく》の一七名である。

海軍では、西郷従道《つぐみち》、伊東祐亨《ゆうこう》、井上良馨《よしか》、東郷平八郎、有栖川宮威仁《たけひと》親王、伊集院《いじゅういん》五郎、東伏見宮依仁《よりひと》親王、島村速雄《はやお》、加藤友三郎、伏見宮博恭《ひろやす》王、山本五十六《いそろく》、永野修身《おさみ》、古賀峯一《みねいち》の一三名であった。

中央部における陸海軍の抗争

紛糾のはじまり　日清戦争前、参謀総長の陸主海従的な権限をめぐり、中央における陸海軍間に対立があり、したがって「陸海軍交渉手続」など未解決のままであった。戦争が終わると、それらの問題点が紛糾の種となり、陸海軍間の不協和の傾向はますます増大してきた。

明治二十九年（一八九六）十一月二十九日、小松宮参謀総長は「明治三十年度大本営動員計画書」（案）を西郷従道海相に送り、大本営に参加する海軍将校の官等氏名を当年末までに通報するよう求めた。参謀本部は、大本営の動員計画については担任者の規定がなく、放置すれば実務上差しつかえがあるので、取りあえず三十年度の計画は参謀総長が担任すると内定しての処置である。

これにたいし海相は十二月二十二日、大本営の動員計画はその閉鎖中は担任者の規定がないので、陸海軍各別に計画するほかない旨を回答し、大本営参加者名の通報を拒否した。

翌三十年九月十八日、参謀総長は、大本営の動員条規を確定する必要があるが、平時における動員準備を総括し計画する責任者がいないので、本職がこれを担任すると述べ、海相に「大本営動員計画令」（案）を送り、天皇の裁可を受けたいので至急意見を承りたいと連絡した。海相は二十七日、大本営動員計画は主として陸軍において担当し、海軍はこれを補助するにすぎぬという考え方であるので同意できない。大本営に充用する要員は陸海軍各別に計画しておき、大本営設立のとき連合編成したいと回答した。

これにたいし参謀総長は、十月三十日、総長は戦時には帷幄の機密に参与し陸海軍の大作戦を計画する責任が定められており、これは平時から計画準備しなければならない。翌年度の計画は時期が差し迫っているので、原案のままで天皇の裁可を受けたので連絡するとして、動員にあたり海軍側から差し出す職員の官等・人数・配置を指定した文書を海相に送付した。

ついで十一月十一日、参謀総長は海相あて「明治三十一年度大本営職員」中の海軍将官として、海軍軍令部長伊東祐亨《いとうゆうこう》、海軍大臣西郷従道を記して裁可を仰ぎたいと協議のため連絡した。これにたいし海軍側は激怒した。

西郷海相は、戦時大本営条例は、戦時における参謀総長の責務を規定しているのであり、平時において陸海軍の大作戦を計画準備するのは参謀総長の職権外である。今般貴職一己の意見により上裁を経られた大本営動員計画令については、本大臣の職責施行上に差しつかえがあるとして、翌十二日、小松宮参謀総長に書類を二通とも返却してしまった。

陸海軍の対立感情をさらに煽《あお》ったのは防務条例の問題であった。防務条例は、日清戦争末期の明治二十八年一月十五日、東京および全国海岸要地の防禦のため、陸海軍の分担・指揮系統など協同作戦の要綱を定めたものである。

この条例によれば、東京防禦総督（天皇に直隷する陸軍の大〔中〕将）が、要塞司令官・師団長・横須賀鎮守府司令長官を統一指揮し、全般の計画を立てるよう定められていた。問題が生起したのは明治三十一年暮れである。

十二月二十六日、東京防禦総督陸軍中将奥保鞏《やすかた》が、横須賀鎮守府司令長官海軍中将鮫島具規《さめじまかずのり》にたいし、明治三十二年度の「横須賀軍港防禦計画」と「東京湾口海上防禦計画」を策定し報告するよう訓令を発した。

ところが鮫島司令長官は、平時においては防禦総督の区処を受ける規定がないとして、訓令を奥総督に返却した（海軍側が、防務条例は戦時においてのみ有効と主張する根拠は明らかでない）。その後、総督と司令長官との間に訓令の再返却、再々返却が続き、事態はますます険悪となった。

中央においても、防務条例をめぐり紛糾が続いた。三十一年十二月十三日、桂太郎陸相が山本権兵衛海相にたいし、呉《くれ》・佐世保各鎮守府司令長官が要塞動員計画を策定し報告するよう訓令してほしいと照会したところ、海相は、そのようなものは鎮守府司令長官の策定すべきものではないとして拒否し、関係書類を陸相に返却した。

以上のような紛糾は相互調整の不十分によるものであるが、その原因のひとつは、海軍が陸軍の指揮下に入るのを極端に嫌う感情問題があった。さらに「動員」に対し陸海軍の考え方に根本的な相違があった。陸海軍の作戦を比較すると、海軍は移動・集中が迅速であり、状況の変化も急速であるのに反し、陸軍は機動性が少なく、状況の変化も緩慢である。したがって年度計画は、陸軍は有事のさいにおおむねそのまま発動される現実的な計画であると考え重視するのにたいし、海軍は、平時は大綱的なものにとどめ、有事の場合にはそのときの状況に応じて具体的に検討するという考え方が強かったのである。

激しい陸海軍の大本営論争　山本権兵衛海相は、明治三十一年十一月海相に就任すると、陸主海従の諸条例を改定し、陸海完全平等を目指し、海軍の地位を高めるのに執念を燃やしていた。山本は薩藩出身の偉材で早くから部内に勢力を張り、軍務局長からいちやく海相となって、三十九年一月までこの地位につき、陸軍の山県有朋に対抗する勢力を築いた実力者である。

山本海相は、三十二年（一八九九）一月十九日、戦時大本営条例と防務条例の改正案を桂太郎陸相に示し、異存がなければ陸海軍大臣連署して、閣議に提出したいと提議した。

戦時大本営条例の改正案では、第二条の帝国陸海軍の大作戦を計画するのは「参謀総長」の任とす、とあるのを「特命ヲ受ケタ将官」にしようとするものである。その理由は、参謀総長と海軍軍令部長の国防用兵に関する職責に軽重はない。戦時に際し、海軍軍令部長の責務を参謀総長の所掌に併合するのは秩序をみだすものであるから、辞令をもってその任に当たらせる将官を指定する必要がある、というにあった。

防務条例改正案の主要事項は、東京地区を東京と東京湾口方面の二地区に分離し、横須賀鎮守府司令長官が東京防禦総督の指揮下から脱しようとする点にあった。

しかし陸軍省および参謀本部は海軍の改正案に同意せず、とくに川上操六参謀総長は強硬な反対意見であった。その理由は、戦時の陸海軍の大作戦は平時の国防計画に基づき計画せねばならぬ。その計画者は必ず一人であり、また平時から準備計画に携わらねばならない。平時準備の精粗は戦時の勝敗を決する。戦時になり臨時に担任者を定めるのははなはだ冒険である。平時からその所掌の任務によって適任者を定めておかねばならない。現在速やかに検討せねばならぬことは、戦時大本営条例の改正ではなく、同条例に基づく未解決の「陸海軍交渉手続」の制定であるというにあり、また防務条例の改正案では、東京湾の防禦と陸上の防禦は相関連しているので分離できないという意見であった。

海相の提議があってから七ヵ月後の九月三十日、陸相は、海軍案に同意できない旨を、右の趣旨の理由書をそえて回答した。

川上操六参謀総長は薩藩出身であるが派閥観念が薄く、明治二十二年以来参謀次長の職にあり、日清戦争の作戦に精魂を傾け、ついで三十一年一月総長となり対露作戦準備に尽力していたが、翌年五月病没した。後任の総長には大山巌大将が就任した。

桂太郎陸相は長藩出身で、軍政方面では山県に次ぐ実力者であり、三十一年一月から三ヵ年陸相を勤めた。後任陸相は、同じく長藩出身の児玉源太郎《こだまげんたろう》、ついで寺内正毅である。

海相・陸相の単独帷幄上奏　陸相の正式回答後、陸海軍間で口頭による交渉があったが、意見の調整はできなかった。よって山本海相は明治三十二年（一八九九）十月二十六日、戦時大本営条例および防務条例改正案を閣議に提出した。

このとき、同時に提出した意見書の要旨は「戦時作戦の大計画は平時から画定する必要があるので、かねてから参画の任にある参謀総長と海軍軍令部長は、戦時になればただちに大本営の各首席幕僚となり、帷幄の機務に参与し、必要に応じ陸海軍大作戦の計画をなす。この両者以外に単一の参画責任者をおく必要はないと思われるが、陸海軍間の意見不一致の生ずる場合を予想し、陸海両当局者の意見を調和し、もしくは裁断できる徳望才能および決断をもつ人を、臨時に大本営の幕僚長とする。その人は必ずしも参謀総長、海軍軍令部長のうちの一人を指すものではなく、その人選は天皇の聖断による」というものであった（防務条例改正意見書は略す）。

当時の首相は山県有朋であった。首相は改正案に反対であったが、閣議後、実情を天皇に説明し、本件はとくに重大事項であるので海相から帷幄上奏させることにした。山本海相は陸相との折衝では妥協の途がないので、上奏し天皇の裁可を仰ぐ決意を固め、首相および陸相に通知のうえ、十一月八日、帷幄上奏した。

そこで桂陸相は十一月十三日、海相に通告のうえ、海相の改正案に賛成しなかった理由を帷幄上奏した。その内容は、従来の陸海軍間の交渉経過を述べ、海相の意見に反論し、現行の戦時大本営条例は改正を必要としない、防務条例はその原則を保持すると述べたものであった。主な論点は、

㈠　臨時に大本営幕僚長となる適任者がいない。すなわち海相は、参謀総長は海軍の知識経験がないため大本営の幕僚長には不可であると主張するが、陸海軍の知識経験ともに有るような人材は求められない。また海相は、参謀総長と海軍軍令部長のうち一名を選ぶ意ではないというが、この両職以外に、平時から国防用兵計画の研究に尽力しているものはいない。

㈡　陸海軍の大作戦を計画するのは、国防用兵の大方針を定め、陸海軍協同の大作戦を計画することであって、深い専門的知識・経験を必要とせず、平常から陸海軍の事情を熟知することが必要である。

㈢　戦時、臨時に局外から任命された幕僚長が、平時から準備された計画を是認しないときは極めて危険な事態を生ずる。平時から戦時大本営条例を制定した趣旨は、平時から参謀総長が戦時の準備をするためである。

㈣　各国の例に徴するも、国家の防衛は陸軍を主とすることは明らかであるから、大本営幕僚長は参謀総長が適任である。

㈤　平戦両時における陸海軍関係を明確にするため「陸海軍交渉手続」を速やかに協議する必要がある。

という意見であった。陸軍側としては、海軍は、陸海両統帥部長を対等にするため、まず海軍軍令部条例を参謀本部条例と同様のものに逐次改定し、これを根拠とし、今やかねてから目ざす大本営条例を改定しようとしている。いろいろ改定理由を挙げているが、要は陸海対等をねらうにある、とみていた。

しかし、当時の海軍は昔日の海軍ではなく、陸軍の風下に立たせることができぬほど拡大発展しており、国際情勢からみても国防上海軍の地位は著しく向上していた。いたずらに陸主海従あるいは陸海対等を争うのではなく、いかにして陸海統合するかの方策を考えねばならぬときであった。陸海軍の緊密な協同のためには、ただ一人の幕僚長を任命するだけでなく、その下に幕僚長をもった統合機関を、平時から準備するのが望ましかったであろう。

元帥府への下問　陸海軍両大臣の意見衝突の結果、ついに天皇の裁断を仰ぐことになった。天皇は「日清戦争も現条例で格別の不都合もなく処理してきたのであるから、今両大臣の議がまとまらないなら、暫くそのままにしておく」とし、戦時大本営条例改正の議案は封緘《ふうかん》を命じて手元におき、防務条例の改正についてだけ、元帥府に下問した。

これを知った山本海相は、あくまで改正の実現を図るため、ただちに膨大な「弁明書」を作成し、これを各元帥に送った。その内容は、陸相が上奏した戦時大本営条例改定に対する意見を激しく攻撃反論し、さらに日清戦争で成功した現行大本営条例も時代の進歩に適応させねばならぬ。海軍は戦略上、通商航海保護上、外交政策上ますます重要となり、陸軍の権下に圧倒される存在ではなくなっている。陸海両統帥機関は絶対に対等でなければならぬ、と主張している（防務条例改定の弁明書は見あたらない)。

当時の元帥は四名である。小松宮彰仁元帥は二年前まで参謀総長、大山元帥は現職の参謀総長、山県元帥は総理であり、西郷元帥は前海相で、海軍軍令部条例の改正に当たった。しかし各元帥は個人の立場を超越し、元帥として審議したといわれる。

防務条例改定についての奉答は明治三十三年(一九〇〇)二月、四元帥の名で行われ、平時陸海軍を通ずる防禦計画、戦時における各防禦地域の指揮系統、東京地区の防禦では東京湾口地区と陸上の防禦との分離などを内容としている。天皇は、この案を陸海軍大臣に下付して協議を命じた。その後、陸海軍間の折衝、両大臣の連署上奏、天皇のこの上奏案修正の下命、再上奏と難航を重ねたのち、明治三十四年一月、新防務条例が公布された。

戦時大本営の設置と運営

元帥府の上奏　明治三十三年(一九〇〇)十月、山県内閣についで第四次伊藤内閣が成立し、桂陸相と山本海相は留任した。しかし桂陸相はまもなく辞職し、台湾総督児玉源太郎が陸相を兼ねた。翌三十四年六月、伊藤内閣に代わって桂内閣が成立した。このとき桂は、海軍が反政府・反陸軍的態度に出ることを憂慮し、山本に懇請して、ようやく海相に留任させることができた。

ところで戦時大本営条例改正問題は、桂陸相と山本海相が激しく対立して以来、陸海軍間のしこりとなって残っていた。しかしロシアの満州への不法駐兵をめぐって日露間が険悪化し、日露開戦必至の情勢となったとき、山県・大山両元帥はこれを憂慮し、三十六年（一九〇三）十二月、次のような奏議を行った（西郷従道は明治三十五年七月、小松宮は三十六年一月死去）。

すなわち、陸海軍の統帥を一元化することはきわめて重要である。しかし日本では陸海両軍は国家の干城《かんじょう》として互いに軽重なく併立させねばならぬ。したがって参謀総長、海軍軍令部長も同様に帷幄に参画し、天皇以外にその行動を控制するもののない地位につけねば、その責務遂行に悪影響を及ぼすおそれがある。ついては大本営においても、従来の陸海軍統帥部の主客の関係を撤廃し、国防用兵上、参謀総長は専ら陸軍の、海軍軍令部長は専ら海軍の計画に任じ、従来両者の間に続いていた意見の疎隔を排除し、その感情を調和することが急務である。しかし、これだけでは陸海軍並列で用兵の要訣《ようけつ》に適合せぬおそれがある。

したがって、これと同時に陸海両軍の計画・行動について連繫策応を規画させるため、両軍の高等統帥者から成る参議組織を設けるならば両軍の画策を調整し、感情を融和することができよう。

ただし戦時もしくは事変にあたり、事が急であって会議の議決を待つ暇のないときは、会議の議長に勅命し、院議を経ることなく、意見を奉答させることが必要である。

現在の軍事参議官は、各人の意見を調整し一致させる性格のものではない。また元帥府は、元帥適任者のないときはこれをおかれないことがある。したがって平戦両時を問わず、重要軍事について天皇の下問に応ずる参議機関を設置し、参議官には元帥、陸海軍大臣、陸海両統帥部長、戦時の軍の司令官および艦隊の司令長官となる将官、そのほか陸海軍の老功卓抜な将官を充てると述べ、軍事参議院条例案および戦時大本営条例改正案を奉呈した。天皇は、ただちにこれを嘉納した。

大本営条例改正と軍事参議院の発足　明治三十六年十二月二十八日、次のような戦時大本営条例が公布され、参謀総長と海軍軍令部長は共に大本営幕僚の長として、帷幄の機務に協同奉仕することになった。

第一条　天皇ノ大纛《とう》下ニ最高ノ統帥部ヲ置キ之ヲ大本営ト称ス
第二条　大本営ニ幕僚及各機関ノ高等部ヲ置ク　其ノ編制ハ別ニ之ヲ定ム
第三条　参謀総長及海軍軍令部長ハ各其ノ幕僚ニ長トシテ帷幄ノ機務ニ奉仕シ作戦ヲ参画シ終局ノ目的ニ稽《かんが》ヘ陸海両軍ノ策定協同ヲ図ルヲ任トス
第四条　陸海軍ノ幕僚ハ各其ノ幕僚長ノ指揮ヲ受ケ計画及軍令ニ関スル事務ヲ掌ル
第五条　各機関ノ高等部ハ各其ノ幕僚長ノ指揮ヲ受ケテ当該事務ヲ統理ス

同日、次のような軍事参議院条例が公布され、軍事参議官条例は廃止された。

第一条　軍事参議院ハ帷幄ノ下ニ在リテ重要軍務ノ諮詢ニ応スル所トス
第二条　軍事参議院ハ諮詢ヲ待テ参議会ヲ開キ意見ヲ上奏ス

第三条　軍事参議院ニ議長　参議官　幹事長及幹事ヲ置ク
第四条　軍事参議官ハ左ノ如シ
元帥　陸軍大臣　海軍大臣　参謀総長　海軍軍令部長　特ニ軍事参議官ニ親補セラレタル陸海軍将官
第五条　軍事参議院議長ハ参議官中高級古参ノ者ヲ以テ之ニ充ツ
第六条　必要アル場合ニ於テハ重要ノ職ニ在ル長官ヲ以テ臨時参議官ニ補シ参議会ニ列セシム
但シ其ノ関係セル議事ヲ終リタルトキハ直ニ解職セラルルモノトス
第七条　陸海両軍ニ関スル事項ハ其ノ規画ヲ査照シ国防用兵ヲ主トシ相互ノ連繫《れんけい》ヲ調理スルヲ要ス
第八条　陸海軍互ニ相関繫セサル事項ニ付テハ陸軍又ハ海軍ノミノ参議官ヲ以テ参議会ヲ開クコトヲ得
第九条　緊急事件ニ付テハ議長ハ院議ヲ経スシテ諮詢ニ対《こた》フルコトヲ得
第十条　幹事長ハ侍従武官長又ハ他ノ将官ヲ以テ之ニ充テ軍事参議院ノ庶務ヲ整理セシム

軍事参議院は天皇の諮詢（下問）をまって開く受動的なものであるが、右の条文にあるように強い権限があった。参議院が有効に作用するには、天皇や幹事長の積極性と参議官、特に議長に人材を充てることが重要であろう。

最初に軍事参議院を構成したのは二元帥と陸海四首脳（寺内、山本、大山、伊藤）、特命による陸軍の野津道貫《みちつら》、黒木為楨《ためもと》、奥保鞏《やすかた》、海軍の井上良馨《よしか》の各大将であった。結果からみてこの条例制定は日露戦争勃発の四五日前であった。特命による陸軍の三将軍は、戦争勃発とともに軍司令官として出征し、陣容はいっきょにして薄くなった。

大本営の編制と勤務令　新戦時大本営条例公布とともに、陸海軍間で同編制改正案が協議された。海軍側は日清戦争の経験から、軍令の実行には軍政の支援が不可欠なのを悟り、また陣容においても陸軍側と対等の様相を保ちたいという願望から、軍政諸機関を大本営に入れるよう要求した。陸軍側は、平常業務は陸軍省・参謀本部等で続行させ、大本営編制は極力簡素とし運営を敏活にする考えで、「戦時大本営編制」と「戦時大本営勤務令」の二本立てとする案を提示した。陸海調整ののち、両者とも明治三十七年（一九〇四）二月六日裁可となった。

戦時大本営の編制は、大本営陸軍幕僚（参謀部、副官部）、大本営陸軍諸機関（兵站総監部、大本営陸軍管理部）、その他陸軍から大本営にあるもの（陸軍大臣）、大本営海軍幕僚（参謀部、副官部）、その他海軍から大本営にあるもの（海軍大臣、海軍軍事総監部）から成っていた。その後、天皇の意向により侍従武官が加えられた（軍事内局は廃止された）。

この編制からみれば、機構上、完全に陸海併立となり、武官中心の統帥機関であるが、軍政的要素も多分に加味された。すなわち陸軍幕僚は参謀本部から抽出した必要最小限の人員であり、陸軍諸機関の大部は、参謀次長の兼務する兵站総監の下にある軍令機関であるのに対し、海軍幕僚は軍令部から抽出し、海軍諸機関は、海軍大臣の軍政に関する事務処理のため置かれた。海軍では、海軍省が海軍軍令部よりもはるかに優越した地位を確保し、海軍大臣の権限の大であることは陸軍と異なる特色であった。

つぎに戦時大本営勤務令によれば、参謀総長は「大本営陸軍幕僚及陸軍諸機関ヲ統督シ帷幄ノ職務ニ奉仕シ陸軍ノ作戦ヲ参画奏上シ勅裁ノ後之ヲ陸軍各独立指揮官ニ伝達スルヲ任トス　陸海軍共同ノ作戦ハ海軍軍令部長ト協議策定ノ後之ト共ニ奏上シ又単ニ陸軍ノミニ関スル作戦ノ計画ハ勅裁ノ後之ヲ海軍軍令部長ニ通牒シ以テ陸海軍ノ策応ヲ図ルモノトス」となっており、海軍軍令部長は「大本営海軍幕僚ヲ統督シ……」以下「陸軍」と「海軍」と読み替えるほか参謀総長と同様の職責になっている。とくに総長と部長の並列に伴い、陸海軍の協同が具体的に強調された。

陸軍大臣は「大本営ノ議ニ列シ参謀総長ノ作戦計画奏上ニ陪《ばい》シ軍政ニ関スル百般ノ区処ヲ為ス」となっており、海軍大臣は「大本営ノ議ニ列シ海軍軍令部長ノ作戦計画奏上ニ陪シ軍政ニ関スル百般ノ事務ヲ掌理ス」とし、政戦略の調整を図ろうとしている。

新設の海軍軍事総監部には海軍軍事部、人事部、医務部、経理部が隷属し、軍事総監は「海軍大臣ノ命ヲ受ケ服務シ又軍令部長ノ区処ヲ受ケ軍事計画ノ諮問ニ応スルモノトス」と定められた。これら諸機関は海軍省の職員によって構成された。

対露方針確定の御前会議　北清事変後、ロシアは露清協約による満州からの撤兵に応ぜず、明治二十六年四月には、鴨緑江下流の龍岩浦《りゅうがんぽ》を占領し軍事施設を加えた。これは遼東半島と並んで極東の重要な軍事基地となるものであった。

これにたいし日本政府（首相桂太郎）は、韓国における権利を確保し、その交換として満州についてはロシアが経営した範囲で優勢を示すことを認める案で譲歩し、この際、多年にわたる日露間の難問題を交渉によりいっきょに解決する考えを固めた。しかし韓国について一歩も退かぬということは、ロシアが経略しようとする遼東半島の側背を脅威することとなるので、交渉決裂の覚悟を必要とした。

陸軍の態度は強硬であり、明治三十六年（一九〇三）五月十二日、大山参謀総長は東亜の形勢、ロシアの行動を上奏し、目下の戦略関係はわれに有利であるが、年月を重ねるに従いその情勢は逆転する。韓国がロシアの勢力下になれば、わが国防は安全でない。速やかな軍備の充実整備を必要とする旨を奏上した。

ついで大山参謀総長は、伊東祐亨《ゆうこう》海軍軍令部長と連署で、この際、武力に訴えても速やかに韓国問題を解決するよう建議しようとした。しかし海軍軍令部長は同意しなかったので、六月十二日、参謀総長は単独で意見書を内閣に提出し、また上奏して聖断の資に供した。

山本海相をはじめ海軍の首脳は、韓国は失っても日本固有の領土を防衛しようという意見で、右の上奏に反対した。

いっぽう桂首相は、前記対露方針を確定するため、まず元老の山県有朋・伊藤博文の了解をとりつけたのち、閣議を開き、さらに各元老にはかり、六月二十三日の御前会議を奏請した。この会議には、伊藤博文・山県有朋・大山巌・松方正義《まつかたまさよし》・井上馨の五元老と、桂首相・小村外相・寺内陸相・山本海相の四相が列席し、万難を排しても韓国を譲らない決意を固めた（元老とは官名でも職名でもなく、国家の大功臣にたいし天皇がこれを優遇し、特別の補佐を勅命した者。明治二十二年十一月、まず伊藤博文と黒田清隆に詔書が下された）。

この重大な国策を決定した御前会議では、元老の地位がきわめて高く、海軍の反対意見も大勢を動かすものではなかった。また陸海軍統帥部が正面に立たなかったことなどは、後世の場合にくらべ注目される特色である。

当時の陸海軍作戦計画は、根本方針を守勢作戦におき、攻勢作戦は単なる研究にとどめられていた。しかし韓国の占有が日本の国防上絶対に必要ということになっていたから、韓国への出兵計画が具体的に検討されはじめた。

たまたま十月一日、参謀本部次長田村怡与造《いよぞう》少将が死去した。時局の重大にかんがみ、十二日、内務大臣兼台湾総督児玉源太郎の内相兼任を免じ、台湾総督のまま参謀本部次長に補すという異常な人事が行われた。対露強硬論の児玉中将の次長就任は、陸軍の決意のほどを示すものであった。

開戦決意の御前会議　政府は七月以来、ロシアとの交渉を続けて満韓問題の解決を図ったが、交渉はいっこうに進展せず、その間ロシアは満州の戦備を増強し、韓国国境への圧迫の度を加えてきた。

このころ最も強硬な対露意見を持つのは陸軍であり、政府部内は硬軟両派があり、元老連はきわめて慎重で平和的解決に終始しようとする者もあった。したがって軍部と元老の中間にある政府は最も困難な立場にあった。桂首相は適時元老会議を開き、対露方針を協議して交渉にあたった。

この元老会議は法制上の根拠はなく、慣例上各種の形式により行われた。すなわち首相の奏請により天皇が裁断を下される御前会議、天皇の諮詢《しじゅん》により元老の行う会議、首相が元老の参集を求めて行う会議、閣議に元老が出席を要請した会議などに分類されるが、首相が事前の相談、事後の諒解を得るため行う会議が最も多く行われた。

元老会議での各元老は、現職務に関係なく大局に立っての判断を述べた。大山元帥は参謀総長であったが、全然別個の人格として列席し、総長としての意見を発表することなく、また会議の結果を次長以下に洩らすこともなかったといわれる。

十二月十六日、首相官邸で行われた元老会議は、満州の領土保全の保障と韓国におけるわが要求を、さらにロシアに要求することに決定した。児玉参謀本部次長は二十一日、桂首相に軍事諸般の準備着手を要求した。首相もこれに同意であったが、伊藤・山県の二元老が慎重なため容易に決定できず、ようやく二十九日になって、政府は統帥部にたいし、出兵準備を通告した。

戦時大本営条例の改正と軍事参議院条例は、このような情勢下の二十八日に制定された。三十日、統帥部は参謀本部で第一回の陸海協同作戦に関する会議を開いた。

明治三十七年（一九〇四）一月七日、閣議に初めて参謀総長・海軍軍令部長が次長を伴い列席した。それは前日到着したロシアからの返電を検討するための会議であった。その返電は妥協の余地のない強硬なものであった。

十一日、元老出席の下に閣議が行われ、翌十二日の御前会議で、和戦いずれに決するかの重大問題が議せられた。この御前会議には伊藤・山県・松方・井上の各元老、政府の各大臣、陸海両統帥部長、同次長が列席し、天皇親裁の下に大いに議論された。しかしこの日はまだ開戦には決せず、政府はいちおうロシアの再考を求めることになった。

ロシアの回答は一月末になっても来ず、この間ロシアは、戦争準備のため時をかせいでいるものと判断された。大山参謀総長は二月一日参内し、軍事情勢を述べ、速やかにロシアと開戦して先制の利を獲得するのが急務であると上奏した。ところが、二月三日になって、突然、ロシアの旅順艦隊が出港し、行方不明であるとの報が入った。そこで直ちに元老会議を開き、翌四日の午前の閣議、午後の御前会議をもって開戦を議することになった。

四日の御前会議には五元老と五閣僚（首、外、陸、海、蔵の各相）が参集し、統帥部は参与しなかった。席上、財政問題で深刻な議論となり、廟議《びょうぎ》決定は日没後となった。

本会議により日本は、今後、対露交渉を断絶し、自衛と既得権益を擁護《ようご》するため、必要と認める独自の行動をとる旨をロシアに通告することを決定した。ついに日露開戦の決断となったのである。

御前会議が終わると、海軍は連合艦隊司令長官に対し、昨夜旅順を出港したロシア艦隊が敵意を表する行動をとるときは直ちに撃破せよとの命令を発した。陸軍は、第十二師団で編制した韓国臨時派遣隊の出動を電命した。開戦にあたり、作戦上、先制主動の地位を確保するため迅速《じんそく》な行動を開始したのである。

大本営を設く 二月五日、まず韓国方面作戦のため、第一軍諸部隊と内地沿岸各要塞の動員、緊急配備が令せられた。海軍は六日作戦行動を開始し、八日には旅順に敵艦を襲撃、九日、仁川沖海戦で敵艦二隻を撃破した。

二月六日、政府は国交断絶の公文をロシア政府に交付し、十日、対露宣戦を布告した。大山参謀総長は六日、大本営動員の裁可を受けた。しかし寺内陸相は、宣戦布告前に大本営を設置するのは適当でないとして、即刻に動員することを拒絶した。したがって正式には十一日に大本営の動員下令、十三日完結となった。

大本営は宮中におかれ、陸海軍関係者はそれぞれ平時配置の官衙《かんが》、すなわち陸軍部は参謀本部、海軍部は海軍軍令部を定位置とし、別れて執務しながら、会議の必要あるとき宮中に参集した。

今回、天皇は、陸海軍ともに作戦その他軍隊や艦隊の進退に関する細小な事項は、参謀総長と海軍軍令部長に委任されたので、大本営事務は各所に分かれて截然《せつぜん》と分担処理せられた。また日清戦争時の大本営は広島に出動したが、今回は、通信交通も発達しており、政府と密接に提携して政戦略の一致を図るためにも終始東京を離れなかった。

大本営会議には御前会議と一般会議とがあった。一般会議は天皇が臨御されぬ会議で、毎週二〜三回実施された。大本営御前会議は、陸海軍が論議を交え、天皇の判決を仰ぐようなことはほとんどなく（ただ一度、明治三十七年四月十五日の会議で、第二軍の上陸に関する陸海軍協同作戦について論議したことがあった）、多くは作戦の経過または戦況報告であった（作戦計画や訓令等は各統帥部長がこの会議とは別個に上奏し裁可を仰いだ）。

大本営御前会議には、大本営陸軍部（参謀総長、次長、作戦関係幕僚、運輸通信長官、野戦衛生長官、同経理長官、陸軍大臣、その他必要な職員）、同海軍部（海軍軍令部長、次長、作戦関係幕僚、海軍大臣、次官、その他の職員）、元老、閣僚（首相、外相、蔵相）および皇太子をはじめ軍籍にある皇族が列席した。大本営構成員でない者も多いが、軍情に通じ、戦争指導の宜しきを得るため、天皇の特旨により、必要な者が必要の都度出席した。

この御前会議の回数は、明治三十七年二月から十月までは毎月一〜二回、ただ五月だけは四回あり、その後は翌年三、六、十、十二月に各一回実施されただけである。しかし、それは後世の支那事変や大東亜戦争のときにくらべれば、はるかに多く実施されている。

天皇は、会議や上奏にまつばかりでなく、軍事上の重要案件については、つねに先ず山県元帥の意見を徴した。のち山県元帥が参謀総長になってからは、桂大将（首相）によく諮問《しもん》したといわれる。
大本営業務遂行にあたり、慣例もなく諸規程不備の面も多かったが、これを克服し円滑に処理できたのは人的配置と協調精神にあったと思われる。陸軍では、重要事項の決議にあたり、すべて山県元帥に内協議したのち、同元帥、桂大将（陸軍の長老として）、寺内陸相、参謀総長、次長から成る毎週の定例会議で決定し、そののち海軍に関するものは海軍と、財務・外交に関するものはその両者と内協議をなし、このようにして調整の終わったものを大本営会議に移すのを常則とした。山県・大山・桂・寺内・児玉という人的配置である。海軍もまた山本海相、伊東軍令部長のコンビであって、大本営は事実上実力者指導群によって構成されていたといえよう。

対露作戦方針策定　開戦以来、陸軍の作戦は、㈠三個師団をもって敵に先立ち韓国を占領。制海権が得られぬ場合にも、まず一個師団をもって京城を占領す。㈡満州を主作戦地とし、ここに陸軍の主力を使用し、敵の野戦軍を求めて撃滅するため、まず遼陽に向かって作戦す。㈢ウスリーを支作戦地とし、一個師団を用い、敵をこの方面に牽制す、を方針とし、作戦指導を進めてきた。作戦は順調に進展した。

第一軍は、韓国上陸後、北進して五月一日鴨緑江を渡河し、敵軍主力をこの方面に牽制するとともに、じ後の北進を準備した。第一軍の前進に伴い、韓国警備のため三月十一日韓国駐箚《ちゅうさつ》軍が編成された。第二軍は、五月五日塩大澳《えんだいおう》付近に上陸し、大連湾付近に将来の作戦根拠地を確立するため、金州付近の敵を攻撃し、二十三日南山《なんざん》を占領、じ後、遼陽《りょうよう》に向かう前進を準備した。独立第十師団は、第一・第二軍の連繫のため、五月十九日大孤山《たいこざん》付近に上陸し、北進した。六月四日、新たに編成された第三軍は、旅順攻略を準備した。

六月十日、山県元帥、桂首相、寺内陸相、大山参謀総長、児玉参謀本部次長らが大本営に会して、今後の対露作戦計画の方針を協議し、作戦指導の大綱を定めた。その要点は次のとおりであった。

㈠　大連湾を満州に作戦する諸軍の策源とす
㈡　第一・第二軍および独立第十師団は、遼陽に向かい前進す。この際第一軍は右翼から包囲するよう運動す
㈢　遼陽付近に予期される会戦において目的を達したときは、次の作戦目標をハルビンに選定す
㈣　第三軍は旅順攻略に従事す。要塞攻略後は野戦に使用す
㈤　旅順の封鎖確実となり、一部の艦隊をもってウラジオストクの敵に対処できる状況となれば、独立第八師団を北朝鮮羅津に上陸させ、敵をこの方面に牽制し、できればウラジオストクを攻略させる
㈥　適当の時期において樺太《からふと》を占領するため混成旅団を準備す
㈦　兵站線の延伸に伴うその警備のため、逐次後備旅団の編成を準備す

開戦四ヵ月にして常備師団のほとんど全部が動員され、後備部隊が次々と編成されていた。人員補

充、物資の補給は容易でなかった。当時の国力からすれば、雄大な作戦計画であるが、また堅実慎重な策案であった。

いっぽう海軍は、敵艦隊がウラジオストク、旅順に二分され、その戦備が未完であるのに乗じ、これを急襲撃破して極東の制海権獲得を方針とした。このため明治三十六年十二月、戦艦を基幹とする第一艦隊と一等巡洋艦を基幹とする第二艦隊をもって連合艦隊を編成し、さらに開戦後の三月、旧式軍艦を基幹とする第三艦隊をこれに編入した。

二月九日、仁川沖海戦で敵艦二隻を撃破し、二月下旬以降、旅順閉塞作戦を実施して、黄海の制海権獲得につとめた。

満州軍総司令部の編成と派遣　三月六日、遼東半島南岸に上陸する第二軍の動員が下令された。このころ参謀本部では、満州軍総司令部編成の構想が芽生えていた。児玉次長は松川敏胤《としたね》第一部長に「遼東半島に数軍を派遣したのちには、大本営の一部を前進するつもりでおる。これがため皇太子殿下を奉ずることができれば最も理想的である」と述べた。その後暫くして三月七日、皇太子と山県元帥が大本営付となった。

三月十三日夜、児玉次長は井口省吾、松川敏胤《としたね》両部長を参謀本部居室に呼び、「将来、大本営を戦地と本国とに分置し、現在の参謀本部の大部を戦地に進める。本国には山県元帥を総長に、長岡外史少将と大島健一少将のうち一名を次長とし、兵站《へいたん》総監は宇佐川一正少将を予定する」と述べ、大本営分置案の基礎を計画した。

ついで大総督府を満州に派遣する構想に変わり、四月七日、参謀本部は「陸軍大総督府編成要領」とその勤務令を起案して、陸軍省に内協議した。

これにたいし陸軍省は「参謀本部案の陸軍大総督府なるものは、出征陸軍を指揮統督し、後方勤務に関しては大総督の画策により参謀総長をして処理せしめ、また将官以下の人事をも行おうとするものである。これでは大本営の全権をほとんど大総督にまかせ、大本営は空権を擁することになり、軍令の系統を転倒する嫌いがある。本案のような大きな権能を与えず、その名称も陸軍総督府とするのが適当である」と回答した。

五月十三日、大山参謀総長は、外征諸軍を指揮する陸軍総督の設置を内奏した。その趣旨とするところは「陸上の各軍がまさに相呼応して活動しようとする今日の状況において、大本営を戦地に進め、大元帥が親しく指揮されるのが至当である。しかし天皇が海外に移動されることは内政・外交等の影響が大であるから、臨戦諸軍の指揮を委任される一総督を任命されたい」というにあった。

天皇は、この内奏について山県元帥の意見を求めた。山県元帥は「野戦軍と大本営との間に、一つの中間機関を置き、野戦軍の作戦（兵站、経理、人事を除く）を指揮させる」案を奏答した。

これを知った児玉次長は「作戦に関する機関の編成は総長の責任であって、他の案を奉行することはできない。奉行できぬときは辞職すべきである」と強硬な態度を示した。このため桂首相、寺内陸相、山県元帥と児玉次長との間に複雑な折衝があり、長岡少将（四月三日、大本営陸軍幕僚付）が調停にあたった。

戦地の総司令部を大規模のものとする案は、参謀総長以下参謀本部首脳の主張するところであり、小規模にしようとするのは首相、陸相、山県元帥それに山本海相であった。しかし大勢上、後者の意見に基づくことになり、ここに戦地大本営案から大総督府案、大司令部案を経て高等司令部案に変わり、漸次権限が局限されるようになった。

五月二十五日、参謀総長と陸軍大臣は宮中に召され「出征陸軍中満州において行動する数軍を指揮させるため高等司令部を編成し、これを戦地に進める」との天皇の意図を示された（御沙汰書）。ここに両派の主張は大いに融和されることになった。しかし、なお第三軍と烏蘇里《ウスリー》軍の指揮系統、満州軍の兵站、後方機関などの問題があり、両派の折衝が続けられた。

六月二十日、満州軍総司令部の編成が令せられ、大山総司令官、児玉総参謀長（六月七日、大将に進級）、山県参謀総長、長岡参謀次長の任命があった。

満州軍総司令部の編成はきわめて小規模のものであって、将校は二五名にすぎなかった。総司令官は「満州地方の敵軍を撃破し遠くこれを掃蕩《そうとう》せよ」との命を受け、七月六日東京出発、同三十一日、蓋平に到着した。

大本営の作戦指導　七月、遼陽会戦の準備中、当面のロシア軍は続々兵力を増加したが、わが方は内地にわずか二個師団を残すのみであった。

同月下旬になって、ロシア・バルチック艦隊の東航が確実となった。大本営は陸海軍合議の末、速やかに旅順を陥落させるため、烏蘇里《ウスリー》作戦を犠牲にすることに腹を決め、まず第八師団を出征させることにした。

旅順要塞にたいしては、第三軍が七月下旬、攻囲陣地を占領し、八月下旬第一回の総攻撃を実施したが、一部砲台を奪取したのみで攻撃は頓座した。いっぽう、満州軍は八月下旬から九月上旬の間、遼陽会戦を実施してロシア軍を撃破したが、戦力の消耗と弾薬の欠乏のため追撃を抑え、敵軍捕捉の機を逸した。

第八師団の使用方面につき、旅順方面とするか、遼陽方面とするか、大本営と満州軍との間で折衝が繰り返されていたが、天皇の裁決により、遼陽方面に増加した。幸い機に投じて沙河会戦に参加し戦勝を得た。じ後、満州軍は翌春の解氷期を待って攻勢に転ずることとし、沙河付近で滞陣に移った。

この間、旅順港外で監視を続けていた連合艦隊は、その隙をついて脱出したロシア旅順艦隊を八月十日黄海で撃破、残存ロシア艦隊は再び旅順に引き返した。続いて八月十四日、蔚山《ウルサン》沖海戦が行われ、日本艦隊は黄海の制海権を獲得した。

今や旅順要塞の攻略は、わが陸海軍の兵力運用に自由を与える鍵となった。しかし十月末の第二回総攻撃は、またもや失敗に終わった。大本営は満州軍の強い要望により、内地にある唯一の戦略兵団である第七師団を第三軍に増派した。第三軍は十一月下旬から第三回総攻撃を実施したが容易に奏功しなかった。そこで主攻撃を二〇三高地に変更し、難戦苦闘の末これを占領してから戦況はいっきょに進展し、翌年一月一日ついに旅順要塞は開城した。

大本営は満州軍の戦闘序列を変更し、兵力を増加整備した。満州軍は一月、ロシア軍の攻勢を撃退(黒溝台の戦闘)したのち、三月、奉天会戦で大勝を博し、同地付近で態勢整理に入った。

大本営陸軍部はかねてからの研究に基づき、三月十一日、満州軍主力は鉄嶺付近で防勢態勢をとり、新たに一軍を編成して烏蘇里《ウスリー》方面に作戦し、内地で編成した一個師団をもって樺太を占領する作戦方針を策定した。

長岡参謀次長は、この方針を桂首相と寺内陸相に示して同意を得たのち、山県参謀総長に具申した。総長はこれを保留し、十二日、まず児玉総参謀長に内意を伝え、今後の作戦に関する意見を徴した。総参謀長は別に考えるところがあり、単に鴨緑江軍(韓国駐劄《ちゅうさつ》軍で編成した軍)の使用方面について、大本営の意図を質しただけであった。

政戦略の一致　三月十四日、大山総司令官は山県参謀総長に、今後、攻勢作戦をとるか持久作戦をとるかは、わが政策と一致しなければならぬ旨を進言し、国策の確立、外交の敏速な活動を要望した。これは、わが戦力をわきまえ進軍限界を洞察した適切な意見具申であった。

参謀総長は、即日これを上奏するとともに、十五日大山総司令官に「政戦両略一致についての意見は十日に上奏し、政府当局者とも熟議したところであり、政府も善謀熟慮し好機の捕捉に違算ないであろう」と返電した。

また参謀総長は三月二十三日、寺内陸相の同意を得て、政府首脳にたいし、今後、陸軍が新たな作戦に入るときは、数年継続する長期戦となることを予期せねばならぬので、政府の善処を要望する旨の意見書を示した。

これとともに総長は、将来の作戦に関する意図を陸軍幕僚に指示して作戦方針を策定し、三月三十一日内奏した。この方針は、満州軍の攻勢作戦、ウラジオストクおよび樺太の占領、長期戦に臨む諸施策を述べたものである。

五月二十七・八日、連合艦隊は日本海海戦でロシア・バルチック艦隊を撃滅し、ロシアに一大致命傷を与えた。ロシア国内にもようやく講和の動きが見え始めた。六月十日、米国大統領は日露両国にたいし平和談判の開始を勧告した。

参謀総長は六月十六日、講和の促進とその条件を有利にするため、各方面とも攻勢をとる作戦方針を上奏した。

韓国東北部、樺太の作戦は順調に進展した。満州軍は、機を見て当面の敵に一大打撃を与えるよう準備を進めた。しかしロシア軍は急速に兵力を増強しているので、大本営は一個師団を満州軍に増加した。八月、満州軍はさらに新設の六個師団の増援を要求した。六個師団を新設することは、国家財政上きわめて困難なことであった。しかし現実には、満州方面のロシア軍兵力はますます増加し、九月上旬までには総兵力約四九師団に相当し、われの一倍半以上に達するものと判断された。

いっぽう、日露全権委員は八月十日からポーツマスで正式に会談し、九月一日、ついに休戦協定を締結、九月五日、講和条約に調印した。日露戦争は開戦以来二〇ヵ月をもって、ここに終結をみたのである。

十二月十八日、平和がすでに回復し、諸般の戦時業務もほぼ完了したので、大本営復員が裁可になり、二十日復員が下令された。大本営の残務整理は、参謀本部と海軍軍令部で実施するもののほか、平時業務に服した。

4　日露戦争後から満州事変へ

日露戦争後の経営

陸軍の大陸発展策　明治三十八年（一九〇五）九月、樺太南部割譲地域守備のため樺太守備隊が設けられ、関東州守備機関としては関東総督府がおかれた。また韓国駐剳《ちゆうさつ》軍は引き続き韓国の警備に任じ、その他海外には台湾と中国の華北に一軍が駐屯し、日本の勢力範囲は拡大した。

参謀本部は日露戦後もロシアの報復に備え、露国を想定敵国とし、従来の守勢作戦を改めて攻勢をとることを本領とし、「明治三十九年度帝国陸軍作戦計画」を策定した。大山参謀総長は、二月十六日これを上奏した。

日露戦争間、参謀総長をつとめた山県元帥は三十八年末、大本営の復員とともに辞任し、大山元帥が参謀総長となったが、右の陸軍作戦計画が四月十一日裁可になると辞任し、後任には陸軍期待の児玉源太郎大将が親補された。しかし児玉は不幸にして七月二十九日死去したので、奥保鞏《やすかた》大将が参謀総長となった。

陸軍では児玉参謀総長・寺内陸軍大臣の頃、戦後経営について大いに検討されていたが、総長・大臣の意見は「戦後の経営は、単に陸海軍の兵力を決定するような単純な意義でなく、日本の国是に伴う大方針すなわち海外に保護国と租借地をもち、かつ日英攻守同盟（明治三十八年八月締結）の結果、従来のように単に守勢作戦をもって国防の本領とせず、必ず攻勢作戦をもって国防の主眼とする」方針において一致していた。

陸軍省首脳部の意見を固めさせ、その具体策立案に努力していたのは、当時参謀本部作戦課高級部員の田中義一《ぎいち》中佐である。田中中佐は長州出身で山県元帥の愛顧を受け、中堅幕僚の実力者として頭角を現し、将来陸軍の指導者として嘱望《しょくぼう》されていた。

田中中佐はその著『随感雑録』に次のように述べている。「日本の国是は終始一貫すべきものであり、内閣の交替などにより変化することなく、国是に基づく政略を確立せねばならない。今後の政略は、従来の島国的境遇を脱し、大陸的国家として国運の伸展を図るべきであり、戦略またこれと背馳してはならない」と、国防方針決定の必要を述べ、「国家の兵備は、政略・戦略に伴って決定し、政略戦略は国家経済の程度を考慮して決定する」と、いわゆる国策に見合う国防所要兵力の確立について論述し、「日本国軍の作戦は、想定敵国をロシアと確定し、守勢から攻勢に転換さるべきである。とくに陸海軍協同作戦計画策定のため、速やかに国軍としての作戦方針が確定されなければならない」と。

すなわち田中中佐のねらいは、戦後経営として政府は国家としての国防方針を定め、ここに陸海軍の意見一致を求め、政略と戦略の一致、国防方針に見合う軍備の拡充を、政府や議会に長期計画として承認させることにあった。このため、まず陸海統帥部間で意見の一致を図ったが、それはまことに容易ならぬことであった。

陸海軍戦略思想の対立　海軍軍令部長伊東祐亨大将は、明治二十八年五月就任以来一〇年間その職にあり、三十八年十二月東郷平八郎大将と交替した。山本海軍大臣も三十二年十一月から三十九年一月まで遺憾なく実力を発揮したのち、後継者である斎藤実中将と交代した。したがって、施策の一貫性は見られるが、陸軍と異なり、作戦計画などあらかじめ詳細に策定しても事に臨み応用しがたいとして精細な立案を避けるのが特色であった。史料の不足もあって、この時期における海軍の志向は明確でない。しかし次の事実は、海軍の意向をよく現しているものと思われる。

海軍部内には、国防論の権威者といわれる佐藤鉄太郎中佐がおり、明治三十五年、すでに『帝国国防論』の著述があった。その結論において、田中中佐と同じく「帝国国防方針」画定の必要を述べているが、「帝国国防は防守自衛を旨とし、制海権の獲得に関する軍備を第一に重要視すること」「軍備は帝国及び領土を確保し敵を一歩も国内に入れず、また海上交通を保護し、有事の際速やかに平和を克服し戦勝の結果を確保すること」を強調している。

この『帝国国防論』は同年十月、山本海相から天皇に奉呈され、さらに水交社で印刷し広く配布された。

佐藤中佐は日露戦争後、海軍大学校教官となり「帝国国防史論」を講義したが、戦争の経験により、その見解に変更するところはなかったという。ただ新たに想定敵国について述べ、主敵をドイツとし、米・英・仏にたいしては、きわめて穏やかな見方をしている。そして陸軍側が想定敵国としているロシアについては「ロシアが他国を侵略するような国策を樹立すれば、これ実に亡国の徴」と説き、また「日本の大陸に保持する権益の保持は平和的に行い、これを維持するために国防上必要な海上武力を削減するようなことがあってはならない」と述べている。

佐藤中佐の所論は「海主陸従」であり、その著書が海軍部内にかなり大きな影響を与えていることが、陸軍側に刺激を与えたのは確かである。もちろん田中中佐や佐藤中佐の所論は私論であるが、当時の陸海統帥部の意見を表しており、陸海軍間に基本的な相違のあったことを示している。一方は陸軍の大陸的攻勢論であり、他は海軍の海洋的防勢論と、まったく相容れない両極である。

このような状況で、陸海軍の建設維持の基本に関する決定を折衝することは至難であった。したがって田中中佐は「帝国陸海軍作戦の統一的綱領を制定することは、国務中これ以上重要なものはない。しかし円満な協定は困難である。この際、最も適当な処置としては、その協定の動機を天皇の発動に求め、内閣および陸海軍の計画立案当局は聖旨を奉じて協定を図る」との秘策を立てた。

この天皇の発動を求める任務を、当時枢密院議長であり、軍の最長老であった山県有朋元帥が引き受けることとなった。

山県元帥の上奏　山県元帥は明治三十九年八月、寺内陸相から上奏のための帝国国防方針原案を受領した。原案は田中中佐の起草にかかるものである。元帥はこの原案を用いて「帝国国防方針案」を草し、これを別冊として、国防方針策定の要を同年十月、元帥として奏上した。

その内容は、平時から陸海軍協同の作戦計画を立て、両者の分担任務を定めること、陸海軍の兵備は国防方針に基づいて律すること、日英同盟の軍事協定のためにも作戦計画の策定を必要とすること、ロシアを第一の想定敵国、清国を第二の想定敵国とし、露清二国を敵とする場合をも想定すること、などである。そして、この国防の方針を元帥府に諮詢せられたい旨述べている。

天皇は、山県元帥の上奏書を約二ヵ月手元に留め置かれたのち、十二月十四日、元帥府に諮詢された。当時の元帥は山県有朋、大山巌、野津道貫《みちつら》、伊東祐亨である。同日の元帥会議は、山県元帥策定案を参考資料として、これを関係当局に付与し、陸海軍協同して帝国国防方針を立案せられるよう復奏した。

右復奏の結果、十二月二十日、奥参謀総長・東郷海軍軍令部長は勅命を受け、帝国国防方針策定に関する商議を開始した。当時、統帥部の陣容は参謀次長福島安正中将、第一部長松川敏胤《としたね》少将、第二部長松石安治《やすはる》大佐、軍令部次長三須宗太郎中将、第一班長川島令次郎大佐である。事の性格からみれば、陸軍省・海軍省からも研究に参加すべきものであったと思われるが、両統帥部が勅命を拝したので、右研究のため次の主務者が任命された。すなわち参謀本部から松川少将、田中義一中佐、海軍軍令部から川島大佐、財部《たからべ》彪《たけし》大佐である。

研究が進み、明治四十年（一九〇七）一月二十六日、参謀総長は陸軍大臣と、海軍軍令部長は海軍大臣と協議し、二十九日、両大臣から異存ない旨の回答を得た。

二月一日、奥参謀総長・三須海軍軍令部長代理は「帝国国防方針」「国防ニ要スル兵力」「帝国軍ノ用兵綱領」を策案して復奏し、そのうち「帝国国防方針」は政策に至大の関係を有するので、さらにこれを内閣総理大臣に下問せられ審議させられたく、また要すれば「国防に要する兵力」を総理大臣に閲覧せしめられたい旨を奉答した。

勅命を受けた総理大臣西園寺公望《さいおんじきんもち》は、同年三月、「帝国国防方針は、帝国の国是に基づき極めて適当と認む。国防に要する兵力は、国家財政の状況から漸進的に整備したい」旨を奉答した。

そののち四月三日、侍従武官長岡沢精大将は天皇の旨を受け、山県元帥に総理大臣奉答の内容を伝えた。よって同元帥は、帝国国防方針等三件を一日も早く有効ならしめる必要がある旨を奉答した。

四月四日、天皇は右三件を裁可した。岡沢大将は両統帥部長（陸軍は次長が代理）にたいし、宮中において「御嘉納」の旨を伝達した。ついで同大将は四月十六日、勅命により関係書類全部を山県元帥に交付した。四月十九日元帥会議が開かれ、同日、山県元帥は四元帥を代表して「帝国国防方針は、内外の形勢に応じ帝国の国是に合し、これに伴う国防に要する兵力および帝国軍の用兵綱領は、わが国の財政を顧慮し、よく帝国の利益を保護するの道を求めた至当の策案なりと認む」と復奏した。侍従武官長は、四月二十日寺内陸軍大臣へ、二十二日斎藤海軍大臣へ「御嘉納」の次第を伝達した。

この策定経緯により、統帥部と軍政機関ならびに一般国務の関係、元帥府の役割が了解できるであろう。しかし軍部、特に統帥部主導によるこの重要な国防国策が、今後の国防の方針・国策の指針とされたことに注目しなければならない。

帝国国防方針　裁可された「日本帝国ノ国防方針」では、「開国進取の国是に則り、国権の振張と国利民福の増進を施政の大方針」とし、世界情勢を分析し、結論として次のように述べている。

㈠　帝国ノ国防ハ攻勢ヲ以テ本領トス

㈡　将来ノ敵ト想定スヘキモノハ露国ヲ第一トシ米、独、仏ノ諸国之ニ次ク
日英同盟ニ対シ起リ得ヘキ同盟ハ露独、露仏、露清等トス　而シテ日英同盟ハ確実ニ之ヲ保持スルト同時ニ務メテ他ノ同盟ヲシテ成立活動セシメサル如クスルヲ要ス

㈢　国防ニ要スル帝国軍ノ兵備ノ標準ハ用兵上最重要視スヘキ露米ノ兵力ニ対シ東亜ニ於テ攻勢ヲ取リ得ルヲ度トス

ここで注目すべきことは、ロシアを想定敵国の第一としたが、これが陸海共通の第一の想定敵国ではないことである。本国防方針の兵備の項において、陸軍の兵備は対ロシアであり、海軍の兵備は対米国としている。陸海軍の主要想定敵国がまったく別になってしまった。これは陸海軍、政府の一致した国防方針を定めようとした根本の目的が失われたばかりでなく、かえって陸海分立、陸海対立を深める逆の結果をもたらすおそれが出てきた。

次に米国を想定敵国としたことである。米国は欧州に対してはモンロー・ドクトリンにより中・南米の政治に干渉を許さない主義をとりながら、いっぽうアジアにおいては勢力の拡大を図り、日露戦争後の日米関係は、一転して協力から対立へ移行するようになっていた。米国は、アジアに対する国策に基づいて、英国に次ぐ第二の海軍を目標に積極的な海軍政策を推し進めていた。

日本陸軍は、米国を想定敵国とすることは思いもよらぬことであった。しかし海軍の考えは、米国やドイツの海軍拡張に対し、海軍軍備がおくれをとらぬことを第一とした。わが国力からみれば、陸主海従か海主陸従でなければ、その負担に堪えられぬことは明らかである。しかしこの方針は、陸海対等で政府にそれぞれ軍備を約束させるという兵力決定の指標を与えることとなった。

しかも想定敵国としてのロシアと米国に対する感覚は陸海で異なっていた。陸軍はロシアとの再戦生起の公算大と考え、陸海軍は力を合わせてこれに備えねばならぬと信じていた。いっぽう海軍は、ロシアとの再戦は大して意識せず、むしろ回避を得策とし、また、対米必戦を予期したというよりも、米国を目標として海軍軍備を建設し、政策の推進力となることを期待していたといえよう。

国防所要兵力と用兵綱領　裁可された「国防ニ要スル兵力」の陸軍は、平時常設二五個師団、戦時整備する陸軍部隊＝㈠野戦部隊（五〇個師団基幹）、㈡攻城部隊、㈢後備部隊、㈣守備部隊、㈤特種部隊、㈥留守部隊、㈦国民兵隊、が国防上必須のものである。しかし財政の現状は、一時にこの兵力の充実に着手できない事情にあるので、まず明治四十年度から一九個師団およびこれに伴う諸部隊の整備に着手し、残余の六個師団の常設は、他日財政緩和の時をまって整備に着手する、常設師団完成後一七年をもって戦時所要兵力を整備するというものであった。

海軍は、常に最新式すなわち最精鋭の一艦隊を備える、その兵力の最低限は戦艦八隻・装甲巡洋艦八隻を主幹とし、これに巡洋艦および駆逐艦など各若干隻を付す。この兵力を国防上の第一線艦隊(いわゆる八八艦隊)とする。装甲艦の有効艦齢二五年を三期に分け、竣《しゅん》工後八年までを第一期、第九年から第十六年までを第二期、第十七年以降を第三期とし、第一期に属するもので第一線艦隊の編組に充て、第二・第三期の軍艦で予備隊を編成する、という構想であった。

「帝国軍ノ用兵綱領」では、まず「帝国軍ハ攻勢ヲ以テ本領トス」と用兵の主眼を述べ、ついでロシアに対する場合における陸海軍作戦要領の大綱に及んでいる。また日英同盟協約による軍事行動についても大綱を述べているが、米・独・仏の各一国を敵とする場合は、まず敵の海上勢力を撃滅するを主眼とし、じ後の作戦は臨機これを策定す、というにとどまっている。しかし、これを契機に海軍が今後対米作戦計画を研究するようになった意義は小さくない。

また本綱領の末項に「帝国陸海両軍ハ本綱領ニ基キ毎年作戦ニ関スル計画ヲ策定シ参謀総長軍令部長互ニ協議シ案ヲ具シ裁可ヲ奏請ス」と定めた。実際に陸海軍が正規の年度作戦計画を作成し裁可をえたのは大正二年のことであるが(時の参謀総長長谷川好道大将、海軍軍令部長伊集院《いじゅういん》五郎大将)、陸海軍が協力して平時から年度作戦計画を策定するのは画期的な進歩であった。

「軍令」の制定　明治四十年（一九〇七）九月十二日、「軍令」が制定された。この軍令とは「陸海軍ノ統帥に関シ勅定ヲ経タル規定」である。そして「軍令ニシテ公示ヲ要スルモノニハ上諭ヲ附シ親署ノ後御璽《ぎょじ》ヲ鈐《キン》シ主任ノ陸軍大臣海軍大臣年月日ヲ記入シ之ニ副署ス」と定められた。

従来、軍機軍令に関する事項は内閣官制第七条により、陸海軍大臣から帷幄上奏をもって親裁を仰ぎ、陸海軍の部外に発表を要するものは公文式（旧令）により、単に陸海軍大臣の副署だけで公布してきた。ところがこの年の二月公式令が制定され、勅令はすべて内閣総理大臣の副署が必要となった。

しかし軍機軍令に関する事項は、憲法第十一・第十二条の統帥大権の行使より生ずるものであって、普通の行政命令とはまったく性格を異にし、専門以外の立法機関あるいは行政機関の干与を許さないのが建軍の要義である。したがって統帥事項に関する規定は、特別の形式すなわち「軍令」をもって公布し、主任大臣のみ副署し、これにより行政事項に属する命令とはっきり区別し、統帥大権の発動を明確にする、というのが理由であった。

「軍令」の制定により、統帥権独立の法的根拠が従来よりもさらに明確にされた。「軍令」には公示するものと公示しないものがあり、両者を合すれば相当広範囲の事項となる。この特殊領域の事項につき、陸海軍大臣は法制局の審査や枢密院の討議を受けることなく、また総理大臣の関与を排し、自らの判断で直接天皇を輔弼して発令する手続きをとることができるのである。

このときの首相は西園寺公望、陸相寺内正毅、海相斎藤実であり、軍令制定の首唱者は山県有朋であったといわれる。なお日露戦後、参謀本部条例、陸・海軍省官制の改正などが行われたが、本質的改正でないので説明を省略する。

陸海軍備の競合　陸軍は日露戦争の初期、約一三個師団を動員して戦ったが、その後、野戦師団四個をはじめ多数の部隊を臨時に編成した。

そのうち後備部隊は戦後解散したが、野戦師団はそのままとし、さらに二個師団を増設し、平時師団と近衛師団を合して一九個師団とした。このほか騎兵二個旅団、野砲兵一個旅団、山砲兵三個大隊、交通兵一個旅団、重砲兵二個旅団を増設した。

この軍備拡充は逐次実現され、明治四十年にはほぼ体容をととのえた。そしてさらに増設して常設師団二五個、戦時特設師団二五個とするのが目標であり、これが戦時動員できる第一線兵力の一応の限界でもあった。

ところが四十三年（一九一〇）八月、韓国が日本に併合され朝鮮と改称した。このため朝鮮防衛と対露作戦のため、二個師団の常駐を早急に実現させることが必要となってきた。

いっぽう海軍は、英・独・米のすさまじい建艦競争に対応し、世界海軍の均勢上海軍力の充実を期し、明治三十九年末大小艦艇三一隻の建造計画を立て、四十年度から七ヵ年にわたる継続費で実行に着手した。

しかし英国における新鋭の弩級《どきゅう》艦の出現と変転した世界情勢から、既定計画では到底満足できなかった。海軍は、四十四年度以降八年間に大小艦艇五一隻の建造計画を立て、その予算を閣議に要求した。しかし閣議はこの要求を呑むことができず、既定計画の繰り上げ実施としたほか、第二次充実案として保留した。

日露戦後は政局が安定せず、政変が相次いだ。主として財政難による政策の行き詰まりと政党勢力の伸張によるもので、桂太郎と西園寺公望が交互に内閣を組織する状況であった。このため軍備拡充の要求は政府の重い負担となり、しかも陸海軍の計画が競合して、その実現はきわめて困難であった。陸軍二個師団増設実現のごときは実に大正九年であった。

軍部大臣現役将官制の波紋　陸海軍省が設けられて以来、その長官となるものの資格についての規定はしばしば改定が行われたが、初期を除き非武官で大臣となるものはなかった。しかし明治三十三年（一九〇〇）五月、山県内閣（陸相桂太郎、海相山本権兵衛）のとき、陸海軍ともに大臣・総務長官（次官）を武官専任制とし、しかもその武官は大臣「現役大中将」、総務長官「現役中少将」に限定した。「現役」という文字が法文上に現れたのはこれが初めてである。

当時は政党や反政府系の予後備役将官の勢力が増大してきたので、政党にとって都合のよい陸海軍大臣が選任されるのを妨げることにより、政党および政党内閣から軍部勢力を保護するためであった。

陸海軍大臣は多くの職務を持っている。まず国務大臣であるが、これは他の国務大臣と同じく、国務大臣として個々に天皇の輔弼に任ずるのが憲法の建て前であり、また内閣官制により連帯の責任を持つ。しかし軍部大臣は他の閣僚と異なって、政党の主義政策上の責任を負わないという慣行を生じ、内閣が変わっても留任となることがしばしばであった。

次は各省長官としての職務である。陸海軍大臣は軍政の管理、軍人軍属の統督、所轄諸部の監督、立法および予算に関する事項を管掌する。このほかに天皇の編制大権施行の輔翼に任ずることが、他と異なる重要事項である。

また陸海軍大臣は軍事参議官に任ぜられ、帷幄のもとにあって重要軍務の諮詢に応ずる職務があり、さらに大本営にも列するよう定められていた。すなわち陸海軍大臣は陸海両統帥部と密接な調整を必要とする職務をもち、国務と軍政、戦略と政略の一致を図る責任があり、あたかも統帥部と政府の接点の地位を保持する存在であった。

この考え方から軍事行政は一般行政とは異なる特殊性のあるもの、陸海軍大臣は軍部自体の意思により進退を決するものとの慣行を生じたが、今回さらに「現役」と限定したことにより、当時の軍部が好まない「非現役」将官が就任できなくなった。

したがって、いかなる大政治家・政党といえども、軍の意向に添う現役将官を軍部大臣に迎えることができなければ、組閣は不可能となり、また内閣の政策が軍事政策と異なり調整のつかぬときは、内閣崩壊の危険性を包蔵する。たとえ内閣を改造しようとしても、後任の軍部大臣がえられなければ総辞職をせざるをえないのである。このため、軍部が次第に政府に対抗する勢力を保持するようになり、国家政策における軍事政策の比重が大となった。

明治四十五年（一九一二）四月西園寺内閣の陸相となった上原勇作中将は、かねてから陸軍が要求していた二個師団増設の実施を内閣に迫った。しかし、この内閣は行政整理を第一の政策とし、軍備充実は海軍を優先させる考えであったので、陸軍の要求を否決した。よって上原陸相は、大正元年（一九一二）十二月二日、単独で辞表を提出し、内閣は後任陸相がえられず総辞職した。このとき以来、軍部大臣現役武官制の問題を含め、政党と軍部の対立抗争が激化した。

西園寺内閣のあと、組閣にあたった桂太郎も海相起用にはなはだ難渋している。前内閣の海相斎藤実が、留任条件として海軍補充計画の実現について、桂から事前の約束をとりつけようとしたためである。

山本内閣による改正　大正二年（一九一三）二月、政友会を与党とする山本権兵衛内閣が成立した。陸相は木越安綱、海相は斎藤実で、ともに前内閣からの留任であった。軍部大臣補任資格については前内閣時代から議会で問題となっていたが、野党は山本内閣にたいして、陸海軍大臣現役将官制の改正を執拗に要求し、武官制を廃して文官制にせよというところまで進んだ。

山本首相は政党との関係上、「慎重審議のうえ改正」することを議会で約した。これにたいし陸軍省部（陸軍省、参謀本部の意）は総力を挙げて反対した。

その理由は、陸軍大臣は軍人軍属を統督し、また軍機軍令に関する行政事務を管理し、国防用兵の機密に参画するので、陸軍の専門的知識経験を有し、かつ軍務の実情に通暁した現役将官でなければ、軍務の統一を期しがたい、というにあった。

参謀総長長谷川好道《よしみち》は、しばしば山本首相を訪ねて反対論を力説したが、容れられぬとみるや、帷幄上奏により統帥部の反対理由を述べ、裁可されぬよう奏上した。

しかし山本内閣は大正二年六月十三日、軍部大臣現役将官制の廃止を閣議決定し、上奏のうえ、改正の手続きをとった。この結果「大臣次官に任ぜられるものは現役将官とす」の規定が削除され、大臣次官の階級だけが規定として残った。これにより陸海軍大臣は、大中将であれば予後備役将官であっても任用される道が開かれた。

木越陸相も当初から極力反対したが、山本首相の実力には及ばなかった。陸相は誰とも協議することなく、自分一人の決心で改正に同意した。それは内閣を崩壊させず無事議会を通過させることと、将来実施予定の陸軍二個師団増設について政党に妨害させないという配慮からであった。

木越陸相は閣議決定の一〇日後、単独辞任した。後任は山本首相指名による楠瀬《くすのせ》幸彦中将が陸相となった。山本首相の実力は陸軍首脳を圧するほど強いものがあった。

いっぽう、改正にたいする海軍側の意見は「海軍大臣の身分は、軍の専門的知識経験および国務大臣としての政治的識見を要するが故に、適材を逸しないため、任命しうるものの範囲を予備役にまで拡大するのを適切なものと認む」であった。

明治三十三年に軍部大臣現役将官制を定めたとき、山本大将は海相であったが、今回は首相として改正を断行した。

参謀本部の権限強化　陸軍では、政党の影響力ある予後備役将官が大臣次官となった場合、統帥権の独立をいかにして守るかについて対策を進めていた。そして大正二年七月八日、陸軍大臣・参謀総長・教育総監の陸軍三長官は「陸軍省・参謀本部・教育総監部関係業務担任規定」を改定し、上奏、十日裁可された。

その内容は、三官衙《かんが》間に関係ある平時業務の担任主管と主管事項間の協議および手続きを定めたものである。今回の規定によると、動員計画、国内治安のための兵力の使用など、従来は陸軍大臣主管であった事項の多くが参謀総長主管に移された。また将校・同相当官の人事は陸軍大臣が参謀総長・教育総監と協議のうえ、大臣がこれを取り扱うなど協議事項を多くし、陸軍大臣の職責を制約するよう改めている。

このため、従来は陸軍大臣が優越的地位にあり、陸軍の統制が保たれていたが、今後は参謀総長の地位が次第に高まり、後世、統帥部独走といわれる弊も生ずるに至った。

さて陸海軍大臣現役将官制は、前述のとおり改正となったが、実際にはそれ以後においても依然現役以外の陸海軍大臣の就任はみなかった。また陸海軍大臣の選任も従来どおり難渋することが多かった。

大正三年（一九一四）三月、清浦奎吾《きようらけいご》の組閣にあたり、海相就任の交渉を受けた加藤友三郎は、懸案の海軍補充計画を就任条件としたため、清浦奎吾内閣は流産した。加藤の要求は海軍の要求であるので、たとえ予備役将官を大臣にしても海軍全体の反対を受けて、その地位を保持できまいと、清浦は判断したのである。

陸軍の、三長官協議による人事も、大臣選任の有力な武器となった。三長官の推薦によって大臣が任命され、推薦拒否によって組閣を断念せねばならぬ事態もしばしば生じた。

時代は降って昭和十一年（一九三六）五月、陸海軍省官制が改正され、再び陸海軍大臣・次官は「現役」に限るようになった。二・二六事件後の粛正刷新を理由としたものである。翌年一月、広田弘毅《こうき》内閣が辞表を提出し、宇垣一成《うがきかずしげ》が組閣に取りかかったとき、陸軍は宇垣内閣の成立に強硬に反対し、三長官は陸相推薦を拒否したので、宇垣内閣は流産したという事例もあった。

海軍では、この「現役」問題については柔軟な考え方をしていた。昭和十九年七月二十二日成立の小磯内閣のとき、予備役海軍大将米内光政は、在任中のみ現役に列せられるという天皇の特旨を受け、海軍大臣に就任した。

大正時代の軍備と戦争

対独参戦　大正三年（一九一四）八月一日、欧州に大戦が勃発した。四日、日本は「厳正中立」を表明したが、八日の元老・大臣会議において「日英同盟の誼《よしみ》」により対独参戦を決定した。このとき日本は、日英同盟条約の明白な義務によって参戦する立場にはなかったが、対英好意により参戦する形式で、ドイツの東洋における勢力を一掃し、日本の立場を高めようと考えた。八月十五日、対独最後通牒《つうちょう》を発し、二十三日対独宣戦を行った。独立第十八師団（師団長神尾光臣中将）と第二艦隊（司令長官加藤定吉中将）は、ドイツの中国における拠点青島《チンタオ》要塞を攻撃し、十一月七日、膠州《こうしゅう》湾・青島および山東鉄道全線を占領した。このとき英陸軍の一個大隊がわが指揮下に入り連合戦闘を実施した。

これより先、海軍は第一・第二南遣支隊を派遣してドイツ艦隊の索敵にあたらせ、また赤道以北のドイツ領南洋諸島を占領させた。このほか遣米支隊をもって北米西岸航路の保護に任じさせた。大正六年には、ドイツの無制限潜水艦戦実施に伴い、連合国の交通保護のため、第一特務艦隊をケープタウン方面へ、第二特務艦隊を地中海へ、第三特務艦隊をオーストラリア方面に派遣した。海軍は英艦隊との間で指揮関係を定めることなく、協同作戦に終始した。

日本が対独参戦を決定したとき、海軍は大本営を設置する考えで、その準備に入った。そして「戦時大本営編制」で海軍側人員を充実し、「戦時大本営勤務令」で海軍軍令部長の命令伝達の範囲を拡げるよう、改正を企図した。これは陸軍省部の同意のあと、八月二十日裁可された。

この改定により、海軍参謀部の人員は陸軍参謀部を越える結果となり、海軍大臣の下にある軍政諸機関の陣容も強化された。また海軍軍令部長は出征軍に対してだけでなく、内地にある各独立指揮官にたいしても命令を伝宣できるようになった。

しかし陸軍は「今次の戦役は一部分の動員であるから、設置の必要なし」という意見であり、大本営は設けられなかった。

大本営が設けられぬ場合、海軍においては軍令部が作戦を計画し、大命は海軍大臣が伝宣する形式をとることとなるのである。よって大正三年八月二十三日、「海軍軍令部条例」の一部を改正し、「戦時ニ在リテ大本営ヲ置カレサル場合ニ於テハ作戦ニ関スルコトハ海軍軍令部長之ヲ伝達ス」となった。陸軍は、すでに明治三十三年、大本営が置かれない間の動員した諸部隊の諸勤務に関する規定が定められていたので、問題はなかった。

防務会議の発足　陸軍の二個師団増設問題と海軍拡充案とは、幾度かの政変さえみた大きな懸案であった。したがって陸海軍を中心とする国内の対立を調整しようとする意見は、第三次桂内閣、第一次山本内閣時代から出されていた。

大正三年四月に成立した大隈《おおくま》重信内閣は、六月二十二日、防務会議を発足させた。防務会議は、内閣総理大臣の監督に属し、陸海軍備の施設に関し重要な事項を審議するもので、内閣総理大臣、外務大臣、大蔵大臣、陸軍大臣、海軍大臣、参謀総長、海軍軍令部長をもって組織される。議長は総理大臣、幹事長は内閣書記官長である。

大隈首相は防務会議設置の趣旨を、重要な国防と外交・財政の調和を保つため、陸海軍備の問題を調査審究する必要から設けたと述べた。首相の監督下に陸海軍統帥部長をも入れて、軍備の基本問題を議するのは、統帥権独立の立場にある日本では画期的のことであった。

大正三年七月、海軍充実に関するいわゆる八四艦隊整備の議が首相のもとに提出された。防務会議はその主義を是認し、国力の許すかぎり艦隊補充方針の実行を承認した。また陸軍軍備の問題も調整し、大正四年五月の特別議会で、陸軍二個師団増設に要する継続費を承認させた。

これにより八八艦隊を目標とする当初の八四艦隊への足がかりと、多年懸案であった朝鮮二個師団増設問題がようやく解決した。

防務会議は、陸海軍の競合を調整するうえで、きわめて適切な施策であった。しかし大正十一年(一九二二)、陸海軍軍備縮小時代に入るとまったく有名無実の制度となり、同年九月、廃止となった。軍備拡張期には有用な制度であったが、陸海軍の国防方針に関する所信を統一させたり、陸海軍統帥部の施策を調整するような権威に欠けていたためである。

帝国国防方針等の改定　大正七年(一九一八)六月二十九日、帝国国防方針・国防所要兵力・用兵綱領が改定された。ときの首相は寺内正毅《まさたけ》、参謀総長上原勇作、海軍軍令部長島村速雄、陸軍大臣大島健一、海軍大臣加藤友三郎である。

明治四十年の帝国国防方針等策定後、情勢は大きく変化してきた。その一つは対中国関係である。

明治四十年当時の中国は、ロシアと同盟した場合の想定敵国とはしていたが、単独では想定敵国に加えられていなかった。しかし参謀本部は四十五年には対清作戦計画を立案し、また第一次世界大戦中のわが「対支二十一ヵ条要求」（大正四年五月九日、中国側承認）に端を発して日中両国間はきわめて緊迫した事態となり、その後、中国内の排日気勢がとみに高まった。そこで参謀本部は、大正六年度から帝国陸軍作戦計画に対支作戦計画を含ませることにした。

これに加えて陸海軍の軍備拡充競争を調整する必要もあり、大正四年ごろから国防方針等改定の議が起こってきた。しかし世界情勢の変転はめまぐるしく、従来の想定敵国である露・米・仏国とは連合軍として味方であり、新たに加えようとする中国とも協同防敵軍事協定（大正七年五月調印）の交渉が進んでいた。ただロシアには革命が起こりドイツと単独講和を結んだので、新たに露独勢力の東漸に対処しなければならぬ情勢が起きてきた。また米国の軍備拡充はめざましく、大規模な海軍力の建設に邁進《まいしん》していた。

参謀次長田中義一は、かねてから国防方針等の改定を首唱していたが、いよいよ本決まりとなり、大正六年三月から改定作業に着手し、初度決定時と同様の手続きを経て六月裁可された。

改定された国防方針等の原文は残存しないので内容は明確でないが、帝国国防方針では、想定敵国を露・米・中国としたと思われる。国防所要兵力では、陸軍は第一次大戦の経験により、軍の近代化すなわち機関銃・火砲・戦車・飛行機・通信機関・自動車の装備を高めることが緊急事と考えられ、師団数は財政を考慮し、一〇個師団を減じて、戦時四〇個師団を所要兵力とされた。海軍は初度決定のときよりも主力艦八隻を増加し、いわゆる八八艦隊を基幹とする兵力とされた。用兵綱領の内容は明らかでない。対米作戦要領については、明治末年以来しばしば検討されてきた実績からみて、今回の用兵綱領には、㈠初期の在東洋艦隊撃滅、㈡陸海軍協同作戦によるルソン島の攻略、㈢来攻米艦隊主力の東洋海面での撃滅、という構想が示されたものと思われる。

シベリア出兵　大正六年（一九一七）十一月、ロシアに革命が起こり、その無政府状態の混乱は逐次極東の領土にも波及してきた。参謀本部は、必要のときは一部の兵力を派遣して極東露領の治安を維持し、あわせて将来発生が予察される対露独作戦に対応できるよう所要の準備を行った。

大正七年一月、海軍はウラジオストク居留民保護のため、米英両国とともに第五戦隊を派遣した。七年三月、露独単独講和が成立し、過激派の勢いはいよいよ拡大してきた。陸軍省部は田中義一参謀次長を長とし、省部の部局長を委員とする「軍事協同委員会」を組織し、秘密裡に本格的出兵業務を実施した（この機関は、のちに拡充されて「時局委員会」と改称し、実質的に大本営陸軍部に代わるものとなった）。

しかし出兵に至るまでの経緯は複雑であった。英・仏両国は、日本が西部シベリアまで西進して独軍を牽制することを希望し、日本政府および米国はこれに反対した。ところが七月八日、米国は露国内にあるチェコ軍救援のため、ウラジオストクに日米共同出兵を提議してきた。よって寺内内閣は七月十二日の閣議で出兵の方針を定め、元老会議・外交調査会（最高国策を審議する天皇直隷の機関。委員長は首相、委員は主要閣僚、貴族院および衆議院の実力者を任命。大正六年六月設置）の承認を受け、さらに派遣兵力等について米国と折衝したのち、八月二日、出兵に関し裁可を受けた。

八月二日以降、逐次諸部隊が派遣され、八月十日、ウラジオストク派遣軍司令官大谷喜久蔵大将が日本軍および連合与国軍を統一指揮した。派遣軍は九月、バイカル湖以東アムール鉄道全線地区を占領し、過激派にたいする治安維持に任じた。

その後日本は、極東における友好政権の樹立、全満にたいする勢力の伸長を図り、米英等各国も別の思惑があり、出兵目的を異にしていたので、連合軍の共同軍事行動は実績を収めなかった。

シベリアの形勢は逐次悪化し、大正八年暮れから九年初めにかけて、英・米両軍は撤兵した。連合軍から取り残された派遣軍は、守備地域を整備し、欧露過激派勢力の極東ロシア領浸透防止に全力を挙げて戦った。しかし極東各地の過激派の勢力が盛んとなり、チェコ軍の帰還輸送も進捗《しんちょく》したので、大正九年三月からは守備地域を縮小し、朝鮮・満州方面にたいする過激派の行動防止に努めた。

このころ尼港（ニコライエフスク）守備隊および居留民約七〇〇余名が過激派に虐殺される事件が起こった。このため急きょサガレン（樺太）軍が急派された。

その後、極東に友好政権成立の見込みはなくなった。派遣軍の駐留も久しく、その弊が大となってきたので、政府は大正十一年（一九二二）六月二十四日、ついに撤兵を声明した。派遣軍は逐次撤兵を開始し、十月終了した。大正七年八月出兵以来、四年二ヵ月であった。

日本は欧州大戦の機をとらえ、対米戦略態勢を有利にし、大陸国防態勢を強化しようとしたが、かえって諸外国との溝を深めることになった。

ワシントン会議　大正八年（一九一九）六月、ベルサイユ講和条約が調印されてからも、世界各地に動乱は絶えなかったが、他方、各国間に国際協調を推進する気運が生じてきた。十年七月、米国は関係各国にたいし、海軍の軍備制限、太平洋・極東問題等の討議のため、ワシントン国際会議の開催を提案した。

当時、英米をも含む各海軍国が海軍予算の重圧に悩んでいたのが会議開催の動機である。日本も建艦競争は国家財政上耐えがたいところであったので、招請を応諾し、九月、海軍大臣加藤友三郎、貴族院議長徳川家達《いえさと》、駐米大使幣原喜重郎《しではらきじゆうろう》を全権委員に任命した。

会議に臨む日本の方針は、八八艦隊の建造に固執せず、米・英の各海軍力にたいし七割以上を保持することであった。しかし日本の七割主張は通らず、主力艦（戦艦と巡洋戦艦）と航空母艦について、米・英の六割となり、補助艦の制限は不成立に終わった。

なお日本の六割受諾の代償として、米国は比島《フィリピン》・グァム島・アリューシャン諸島、英国は香港、日本は千島諸島・小笠原諸島・奄美《あまみ》大島・台湾・澎湖《ほうこ》諸島の防備を、現状維持とすることとなった。日本海軍は、比島と香港の施設の現状維持をとくに有利と考えていたのである。南洋委任統治領の防備は、国際連盟規約で禁止されていた。

十一年二月六日、条約は調印された。国力からみて軍縮は有利であったと思われるが、海軍部内には六割受諾を屈辱的と考える勢力が残り、将来の問題となった。

日本はこの会議を通じ、極力米・英両国との親善友好関係の増進に努めた。

十年十二月十三日、二〇年にわたる日英同盟が廃棄された。そして太平洋方面平和維持に関する日・英・米・仏四国条約が締結された。しかしこれは、日英同盟に代わるような強い国家間の結合ではない。

また軍縮条約調印と同日に、日・英・米・仏・伊・蘭・ベルギー・ポルトガル・中国の間で、中国の主権尊重、門戸開放、機会均等を目的とする九ヵ国条約が締結された。これは中国進出を企図する米国極東政策の核心をなすものであり、将来、日米衝突の素因となったものである。

そのほか、日本・中国間で山東半島に関する条約が締結され、二十一ヵ条条約以来の諸問題を解決し、日本のシベリア撤兵についても国際問題として討議された。

このようにしてワシントン会議では多くの条約が成立し、米英を指導国家とするワシントン体制が整備された。日英同盟を廃棄した日本は、将来東洋の天地に孤立する途をたどることになるのである。

帝国国防方針等の第二次改定　ロシアの崩壊、ワシントン条約の締結など、第一次世界大戦以後の情勢に応じて、帝国国防方針等が改定された。参謀本部・海軍軍令部は大正十一年（一九二二）三月以来改定作業に従事し、従来とほぼ同様の手続きを経て、十二年二月二十八日裁可になった。今回はとくに機密保持に留意したが、それは国防方針と現実の外交政策に矛盾する面があり、議会の論議となるのを避けるためであった。

時の総理大臣は加藤友三郎（海軍大将）、陸軍大臣山梨半造、海軍大臣財部《たからべ》彪《たけし》、参謀総長上原勇作、海軍軍令部長山下源太郎であった。

帝国国防方針では、結論として「之ヲ要スルニ近キ将来ニ於ケル帝国ノ国防ハ　我ト衝突ノ可能性最大ニシテ且強大ナル国力ト兵備トヲ有スル米国ヲ目標トシテ主トシテ之ニ備へ　我ト接壌スル支露両国ニ対シテハ親善ヲ旨トシ　之カ利用ヲ図ルト共ニ常ニ之ヲ威圧スルノ実力ヲ備フルヲ要ス」としている。

陸海軍ともに第一の想定敵国を米国と判断し、日米戦は必至の勢いにあるとしているのが注目される。また従来どおり攻勢作戦・速戦即決主義を強く主張するとともに、第一次世界大戦の教訓に基づく総力戦・経済戦の重視から、海外輸入物資の確保、長期の戦争に堪える覚悟などが強調されている。

国防に要する兵力は、陸海軍とも増大していない。陸軍は、作戦初動兵力を四〇師団基幹とした。これは世界的な軍備縮小傾向と従来の主要想定敵国であるロシアの崩壊によるものであるが、一面、陸軍の旧式化した編制装備を改善し、数の増加よりも質の向上を図ろうとしたためである。

海軍も大艦隊計画を取り止め、六四艦隊を主隊とする艦隊をもって一意内容の充実に努めることになった。

用兵綱領では、想定敵国の判断どおり、米・露・支（中国）の順で対一国作戦要領を定めている。陸軍は対数国戦争の発生を中心とし、諸計画や準備を進めねば実情に適しないという意見であった。しかしわが国力上、対数国戦争を対象とする国防を整備することは不可能に近いので、対数ヵ国作戦要領は抽象的表現にとどまっている。

山梨軍縮と宇垣軍縮　陸軍は軍近代化の必要と世界の動向、国内世論にかんがみ、自らを整理して経費を捻出し、それによって編制装備を改善し、戦力低下を防止する方針のもとに調査を進めた。田中義一陸相はこのため、大正八年三月、陸軍次官を長とする「制度調査委員」を設け、全制度について調査研究を実施させた。

十一年（一九二二）七月、「大正十一年軍備整理要領」が施行され、人員五万七〇〇〇人、馬一万三〇〇〇頭を整理した。当時の陸軍大臣は山梨半造大将であったので、これを第一次軍備整理または山梨軍縮という。陸軍はこの整理の代償として、新兵器製造に要する予算約九〇〇〇万円を要求し取得した。

十二年三月、さらに「大正十二年軍備整理要領」が制定施行された。今回の部隊の新設・改廃は比較的軽微であった（第二次軍備整理）。

十二年九月、関東大震災による国家財政の窮乏のため、到底、早急に新式装備の軍容を整えることはできなくなった。宇垣一成陸軍大臣は平時編制改正の根本方針を立て、十三年一月、軍制調査会を強化し検討を進めた。その結論は、常設四個師団の廃止を骨子とする大規模なものであった。七月結論をえて、三回にわたり元帥・軍事参議官の会合を催し審議した。強硬な反対があったが、これを押し切り、十四年五月「大正十四年軍備整理要領」が制定施行された。この第三次軍備整理（宇垣軍縮ともいう）による人馬の減少は、人員約三万三〇〇〇人、馬約六〇〇〇頭であり、これによって節約された費用で軍備の近代化を図ることとなった。しかしその実現には、その後の経済不況からくる財政難のため相当の長年月を必要とし、昭和六年の満州事変では、ほとんど旧式装備で戦われた。本格的な軍備の充実、近代化の実施されるのは昭和十二年以降である。

なお、右の軍備整理要領の制定とともに大正十一年・同十四年に「陸軍戦時編制」が改定された。

困難な大本営編制の改正　日露戦争後、大本営編制および勤務令を改正しようとして種々の研究が実施された。明治四十三年、参謀本部は戦時編成や諸制度の改正に伴い、各官の職責を規正し、業務の連繫を明らかにするとともに、兵站《へいたん》勤務令改正による兵站統轄部業務を大本営勤務令に移すため、草案を作成した。これと同様趣旨による改正案は大正四年までの間、数度作成されたが、いずれも実現にいたらなかった。

大正三年八月、海軍は既述のとおり、大本営海軍部の編制・勤務令の改正を実施した。このとき陸軍側にも改正の動きがあったが、部内の意見がまとまらなかった。

その後参謀本部は、戦時作戦兵力の拡大に伴う中央統轄機関の拡張、平時の参謀本部業務と大本営の相当機関の業務の緊密化を趣旨として研究を進めた。その成果は大正四年十月、同六年八月、同七年三月に作成されているが、改正にいたっていない。

大正十一年、参謀本部は戦時編制の改正に伴い、戦時諸勤務令の起案に着手した。このとき大本営編制改正の研究を始め、数次の案を重ねたのち、十五年六月になり一案を作成した。しかし陸軍省部内で異論が多く、まとまらなかった。この案は相当突っ込んだ改正案であり、大本営と内閣の上位に、戦争指導に任ずる戦時国家最高機関を設けることも真剣に考慮していた。

その後の研究では必要最小限の改正を加える方針で作業を進め、昭和二年（一九二七）二月ようやく上奏裁可となった。こうして改正となったのは、兵器業務を掌るため陸軍省兵器局長をもって野戦兵器長官を設けるという、ただ一項だけであった。当時の陸海軍は、ともに軍縮の荒波にもまれ、萎微沈滞その極に達し、有事即応の気慨に欠けていたものと思われる。

満州事変前後

山東出兵　明治四十四年（一九一一）の辛亥《しんがい》革命以来、中国内では動乱が打ち続いた。それは新生中国への胎動であった。大正十五年（一九二六）、北方張作霖《ちょうさくりん》の率いる軍閥にたいし、国民革命をとなえる蒋介石の国民政府軍が、国家統一を目指して北伐を開始した。

昭和二年（一九二七）五月二十七日、田中義一《ぎいち》内閣（陸相白川義則）は居留民保護のため青島への出兵を決定した（政略出兵という）。陸軍は第十師団の一部を派遣し、海軍は第二遣支艦隊をもって沿岸警備にあてた。しかし北伐軍が徐州《じょしゅう》で敗れたので事なきをえて、九月には撤兵した（第一次山東出兵）。

翌三年四月、蒋介石が再び北伐を開始し、戦乱が華北に及ぼうとした。そこで日本政府は第二次山東出兵を決定し、第六師団等を急派した。五月二日、済南《さいなん》で日中両軍が衝突（済南事件）したので、さらに第三師団を動員派兵した。中国にたいし居留民保護のため派兵したのは日本だけではないが、本来独立国にたいして企図できるものではない。したがって、たび重なる派兵は、中国軍民の排外思想をますます高揚させた。

蒋介石の北伐戦は有利に進展し、張作霖軍の敗退と禍乱が満蒙に及ぶ事態が予想されるようになった。日本政府は五月十八日、南北両軍のいずれを問わず武装軍隊が満州に出入することを阻止する決意を示した。陸軍は、関東軍に錦州出動を準備させた。しかしその後の情勢の変化により、政府は錦州出動に不同意を表するようになったので、関東軍は主力を奉天《ほうてん》付近に集結し、南満州鉄道付属地一帯の警備に任じさせた。

六月四日、北京から奉天に帰還する張作霖座乗列車が爆破され、張は間もなく死亡した。のちに、その首謀者が関東軍参謀河本大作《こうもとだいさく》大佐であることが判明し、大きな政治的問題となり、軍内では下剋上の気風を生じさせた。

ロンドン海軍条約　ワシントン会議で補助艦の制限に失敗した結果、世界の海軍国は補助艦の建艦競争へと走り、とくに条約が許容する一万トン・八インチの大型巡洋艦と潜水艦において著しく、これを制限する必要が感ぜられるようになった。昭和二年六月、日・英・米三国代表はジュネーブに会し、海軍軍縮を議したが、意見はまとまらなかった。

昭和五年（一九三〇）一月、日・英・米・仏・伊五ヵ国代表がロンドンで第三次海軍軍縮会議を開いた。日本は前首相若槻礼次郎《わかつきれいじろう》、海軍大臣財部彪《たからべたけし》、駐英大使松平恒雄《まつだいらつねお》を全権に任命した。会議に臨む日本の方針は、㈠補助艦総括対米七割、㈡大型巡洋艦対米七割、㈢潜水艦自主保有七万八〇〇〇トン、の三大原則であった。会議の結果は、㈠補助艦総括六・九七五割、㈡大型巡洋艦六・〇二割、㈢潜水艦一〇割、五万二〇〇〇トンとなり、四月二十二日、条約に署名されたが、海軍軍令部は大型巡洋艦の比率と潜水艦の量に不満を持った。

条約の調印について、浜口雄幸《おさち》首相や海軍省首脳は、条約締結は政府の責任と権限であり、海軍軍令部の意見は「参考」であって、明白な同意は必要でないと考え、調印の回訓を発したのにたいし、加藤寛治《ひろはる》海軍軍令部長、末次信正《すえつぐのぶまさ》同次長は、軍令部長の見解上奏を待たずに政府が回訓を発したのは、「統帥権」を干犯したものであるとした。当時の野党政友会は、この問題を利用して民政党内閣を倒そうとし、政府・海軍省と海軍軍令部の対立は政争とからまって、その後の海軍部内に深刻な影響を与えた。

加藤海軍軍令部長は六月十一日に辞任し、後任には谷口尚真《なおみ》大将が任命された。谷口軍令部長は、ロンドン条約につき軍事参議院への諮詢を上奏した。海軍軍事参議官は七月二十三日、参議会を開き、「今次条約による海軍兵力では、作戦計画の維持遂行に兵力の欠陥を生ずるので、協約の範囲内で最大限の海軍力充実」の必要と対策を奉答した。

十月三日、財部海相が辞任し、安保清種《あぼきよかず》大将が海相になると、「海軍主要兵力整備及内容充実ニ関スル計画案」を閣議に提出した。その内容は昭和六年度から十一年度にわたる「第一次海軍軍備充実計画」といわれるものである。この計画の予算化はきわめて難航したが、十一月成立し、実施に移された。

満州事変　張作霖爆死後、満州における日中間の対立は激化し情勢はますます険悪となった。陸軍および関東軍は、武力解決を企図し秘かに準備を進めていたが、昭和六年（一九三一）九月十八日夜、関東軍の一部幕僚の作為による柳条溝《りゅうじょうこう》事件を契機に、関東軍（軍司令官本庄繁《ほんじょうしげる》中将）は、南満州鉄道付属地帯の中国軍掃蕩を開始した。これとともに朝鮮軍（軍司令官林銑十郎《せんじゅうろう》中将）は、関東軍増援のため一部兵力の派遣を準備した。

十九日午前の閣議（首相若槻礼次郎）において、また同日午後の陸軍三長官会議（陸相南次郎、参謀総長金谷範三《はんぞう》、教育総監武藤信義各大将）も、事態を現在程度以上に拡大させない方針を決定し、関東軍と朝鮮軍にその旨連絡した。

ところが二十一日朝、関東軍は居留民保護と自衛のためと称し、独断で吉林《きつりん》に進撃した。朝鮮軍も同日午後、国境付近で待機していた一部兵力を独断で満州に進めて、関東軍を増援した。

朝鮮軍の独断越境は大きな問題となったが、二十二日、閣議はこれを承認し、参謀総長は上奏し裁可をえた。しかしこのため中央の統制力は弱化し、現地軍が独走して既成事実を作り、中央がこれを追認するという形でじ後の作戦が進展した。参謀本部は関東軍司令部との連絡を緊密にするため、第二部長橋本虎之助少将を長とする派遣班を出していたが、成果を挙げることなく、一ヵ月後には引き揚げた。

いっぽう、事変勃発とともに中国はこれを国際連盟に提訴した。連盟理事会は「日本軍隊の原状復帰」を決議した。しかるに現地では関東軍が迅速に行動し、十一月、東支鉄道を越えてチチハルに進出してしまった。

十二月十三日、時局収拾の能力を失った若槻内閣は倒れ、犬養毅《いぬかいつよし》内閣（陸相荒木貞夫中将、海相大角岑生《おおすみみねお》大将）が成立した。十二月二十三日、陸軍の最長老である閑院宮載仁《ことひと》親王が参謀総長に就任して総長の威重を加え、翌年一月真崎甚三郎《まざきじんざぶろう》中将が参謀次長となり、その他作戦関係幕僚の陣容が一新した。このため中央統帥部の威信も次第に回復し、また次第に積極的な統帥となった。

さて昭和七年（一九三二）一月二十七日、戦火が上海に飛び、わが陸戦隊と中国軍が交戦を始めた。

海軍は第三艦隊（司令長官野村吉三郎中将）を新編して対処し、陸軍は上海派遣軍（軍司令官白川義則大将）を出動させ、陸海軍協同作戦を展開したが、早期終結方針による政戦略の宜しきをえて、五月五日停戦協定が調印された。

満州では、関東軍が黒龍江・吉林・奉天の三省にわたり、治安を回復するため活発な戡定《かんてい》作戦を実施した。昭和七年三月、満州国が成立し、九月、日本はこれを承認した。昭和八年二月、熱河《ねっか》作戦が開始され、関東軍は長城線を越えて関内（河北省）に進出したが、五月三十一日、塘沽《タンクー》停戦協定が成立した。これにより満州事変は一応終末となったが、関東軍が関内に地歩を確立したことは、華北進出の足掛かりとなり、支那事変への萌芽とみられる。

海軍軍令部強化の布石　満州事変にたいし、海軍は省部とも内心反対であったが、強く阻止の態度には出なかった。この間、海軍部内では、軍令・軍政機関の権限をめぐる折衝が行われていた。従来、陸海軍統帥部の陸海軍省にたいする関係をみると、海軍軍令部は参謀本部にくらべ著しく劣位に置かれていたので、軍令部の権限拡大の動きは大正時代から幾度か表面化した。しかし海軍省側の力が強く、その都度、立ち消えとなった。

元来、明治憲法で定めた統帥大権と編制大権につき、天皇を輔翼し、かつ責任を負うのは大臣か統帥部長かについて明確な根拠がなく、陸軍は伝統的に、統帥権については専ら参謀総長、編制権については陸軍大臣・参謀総長ともに責に任ずと解していた。しかし海軍は、統帥権については海軍軍令部長だけでなく海軍大臣も責任を負い、編制権については海軍大臣のみが責任を負うという伝統があった。しかし昭和五年、ロンドン会議の兵力量決定の問題をめぐり、統帥権のあり方、省部間の権限が論ぜられるようになった。

昭和七年（一九三二）二月二日、さきに陸軍では閑院宮載仁《ことひと》親王が参謀総長に就任したのにたいし、海軍は伏見宮博恭《ひろやす》王が海軍軍令部長となった。このとき次長となった高橋三吉中将は、軍事参議官加藤寛治大将等の支援を受け、海軍軍令部の権限強化を企図した。しかし、これは最終目標とし、その前提として大本営編制と同勤務令を改定しようとした。

三月ごろから検討が進められた。改正案の主要点は、従来海軍大臣の下にあった「海軍軍事総監部」以下の軍政諸機関を廃止し、大臣以外の海軍省首脳を「大本営海軍戦備考査部」の新設によって一機関に包括し、これを軍令部長の下に置く軍令機関とし、また「大本営海軍報道部」を新設して、報道宣伝を実質的に軍令部側で担任しようとするものであった。この改正案にたいし、海軍省側は、大臣の権限縮小に容易に同意しなかった。

陸軍もこれに同調し、陸軍幕僚および兵站総監部の人員を増加し、報道部・諜報機関等設置の案を作成した。参謀本部編制の大部を大本営化する考えのようであったが、史料が残存せず細部は不明である。

その後、海軍省部の交渉と並行して陸海軍間の調整が実施され、この改定は昭和八年（一九三三）

四月二十八日、発布を見るに至った。

海軍軍令部の組織拡大　高橋中将が海軍軍令部条例改定の前提として推進したのは、大本営関係規定の改定に続いて、軍令部の編成を改定強化することであった。昭和七年六月ころから着手された。改定案は、組織を大きく変更し、定員もいっきょに五割増となるほどのものであった。組織改定で特徴的なものは、戦争指導を担当する第一班直属、海外情報を総合する元締めとなる第三班直属、海軍省の電信課を入れる第九班の新設である。

これらは戦時だけでなく、平時においても海軍軍令部が実務のうえで強力な指導力を発揮しようとするものであった。

これにたいし海軍省側は、大臣以下各局長・各課長とも反対であった。しかし、当時は海軍軍令部内の編制、各課の任務および定員は、定員増加を除いて海軍軍令部長独自の発令で実行できるようになっていた。よって昭和七年十月十日、海軍軍令部長の権限で改組が発令された。

ただ定員増加は認められなかったので、既存の定員を新設組織に広く分散したが、なお定員が空白のままの課もあった。定員のないところはすべて兼務により処理したが、その後、海軍軍令部条例改定と同時にいっきょに定員が増加された。

海軍軍令部から軍令部へ　海軍軍令部は昭和八年（一九三三）三月二日、軍令部条例と省部互渉規定の改定案を海軍省側に提示した。これは海軍省側には秘密にして準備してきたもので、力で押し切ろうとしていたことは疑いない。条例の改正要点は、ほぼ次の三点である。

第一は、海軍軍令部を「軍令部」とし、海軍軍令部長を「軍令部総長」とする名称変更である。これは参謀本部・参謀総長を意識し、陸軍側に合わそうとする意図である。

第二は、条例に海軍軍令部長は「国防用兵ニ関スルコトニ参画シ親裁ノ後之ヲ海軍大臣ニ移ス　但シ戦時ニ在リテ大本営ヲ置カレサル場合ニ於テハ作戦ニ関スルコトハ海軍軍令部長之ヲ伝達ス」とあるのを、総長は「国防用兵ノ計画ヲ掌リ用兵ノ事ヲ伝達ス」と改め、用兵・作戦行動の大命伝達は常に総長の任にしようというものである。

第三は、条例第六条掲記の海軍軍令部参謀の分掌事項をすべて削除し、海軍軍令部担当事項は、さらに下位の規定である「省部互渉規程」とか「事務分課規定」とか「服務規定」に具体的に出すという点である。

これにたいし海軍省側は、伝統に輝く名称をいまさら変更する必要はない。総長の「用兵ノ事ヲ伝達」については、用兵の定義が不明確で拡大解釈できる。参謀の分掌事項は海軍軍令部の所掌を定めたものであり、これを削除すると権限が不明確になると反対した。

当時、海軍省側には、海軍大臣は憲法上に明確な責任を持つ国務大臣であるのに対し、海軍軍令部長は大臣の部下でもなく、また憲法上の機関でもないから憲法上の責任をとることがないので、大臣の監督権の及ばない軍令部長に大きな権限を与えるのは、憲法政治の原則に反して危険である、という考え方が基本的に存在していたのである。

省部互渉規定の改革案は、それまで海軍省の権限と責任に属していた事項について、相当程度のものを軍令部の権限内に移そうとするものであった。

その第一は、兵力量に関する主務を明確に軍令部側に移すことである。このことは、ロンドン条約回訓問題以来、海軍上層部の間で揉みに揉んだ末、昭和五年七月二日、財部海相は上奏して裁可が得られ「海軍兵力ニ関スル事項ハ従来ノ慣行ニ依リ之ヲ処理スヘク　此ノ場合ニ於テハ海軍大臣、海軍軍令部長間ニ意見一致シアルヘキモノトス」と決定された。しかし「従来ノ慣行」は意味不明確なため、その後も問題となったが、軍令部の力が徐々に優勢となり、つぎに昭和八年一月二十三日には大角海相、伏見宮海軍軍令部長、荒木陸相、閑院宮参謀総長の間で「兵力量ノ決定ニ就テ」という覚書が作成、署名されていた。「兵力量ハ国防用兵上絶対必要ノ要素ナルヲ以テ統帥ノ幕僚タル参謀総長、海軍軍令部長之ヲ立案シ其決定ハ此帷幄機関ヲ通シテ行ハルルモノナリ」となっているので明白であった。

そのほか人事行政、警備艦船の派遣、教育、特命検閲の主務をどちらにするかなど、多くの問題があった。

省部の事務当局の折衝は六月末には行き詰まり、七月はじめから次長と次官、次長と大臣が話し合ったが解決には程遠いものがあった。ところが、大角海相は七月十一日から伏見宮軍令部長と折衝した結果、十七日になり、軍令部の改定案に基本的に同意した。当時、一般には大角海相が皇族の圧力に屈したと評せられた。

そののち、事務当局で法文化し、省部の案を確定し、九月二十五日海相は裁可を願ったが、天皇は即刻裁可されず種々下問し、二十六日裁可になった。天皇の下問のうち一番重大な点は「この改正案によると、ひとつ運用を誤れば政府の所管である予算や人事に、軍令部が過度に介入する懸念がある。海軍大臣としてそれを回避する所信はどうか。即刻文書にして提出せよ」ということであった

新条例は同日、次のとおり軍令部令として制定された。

第一条　軍令部ハ国防用兵ノ事ヲ掌ル所トス

第二条　軍令部ニ総長ヲ置ク　親補トス　総長ハ天皇ニ直隷シ帷幄ノ機務ニ参画シ軍令部ヲ統轄ス

第三条　総長ハ国防用兵ノ計画ヲ掌り　用兵ノ事ヲ伝達ス

省部互渉規定は、海軍省軍令部業務互渉規定と名称を変え、十月一日発令された。

これにより軍令部の権限は平戦両時において大幅に拡大され、ロンドン条約をめぐる省部の対立は軍令部優位という形で結着をみた。しかし近代の国家総力戦の時代において、政治との接触の少ない統帥部の権限強化は、果たして情勢に適応したものであるかどうか問題であろう。

5　支那事変と大本営

事変前の国防国策

孤立への途 ワシントン条約の有効期間は昭和十一年（一九三六）末であり、ロンドン条約の期限もこれに合致させてあった。満州事変を契機とし、海軍部内でも国民の間でも対外強硬論が支配的になると、日本の軍縮会議からの離脱が決定的となった。

ワシントン条約を満期時廃棄するには、二年前の通告が必要であった。日本政府は昭和九年（一九三四）十二月二十九日、同条約の単独廃棄を米国に通告した。

昭和九年十月、次期条約を検討する第二次ロンドン会議の予備会議（山本五十六《いそろく》少将出席）が開かれたが、個別折衝に終わった。この間、天皇は海軍首脳にたいし、「協約の成否にかかわらず過分の軍備拡張にならぬよう」注意を与えた。

昭和十年十二月、本会議が開かれた。永野修身《ながのおさみ》全権は伝統的な比率主義を排除する「共通最大限度案」を主張し、容れられぬと翌十一年一月、会議から脱退した。これにより昭和十二年初頭から、ついに海軍無条約時代に入ることになった。これに対処する海軍の計画は、一八インチ砲搭載の「大和《やまと》」「武蔵《むさし》」の建造や、酸素魚雷の威力など、「質」をもって「量」に対抗することであった。

当時、海軍は条約許容範囲内での第二次海軍軍備補充計画（昭和九〜十二年）を遂行中であり、計画が完成する昭和十二年末には、主力艦一〇隻、航空母艦六隻、巡洋艦戦隊甲巡四隊半、乙巡一隊半、水雷戦隊五隊、潜水戦隊五隊、常備基地航空隊三九隊が保有できる予定であった。

北進か南進か　陸軍は、満州事変を、大正年代の軍備整備のままで迎えたが、情勢の変化に対応するため、昭和七年度から四ヵ年計画で在満兵力の充実・装備の改善など応急の整備を実施した。

ところがソ連軍は、昭和八年春から堅固な国境陣地帯を構築し始めるとともに急速に兵力を増強した。昭和九年六月ころの極東ソ連軍は狙撃一一個師団、騎兵二個師団、戦車六五〇両、飛行機五〇〇機、総兵力約二三万と見積もられ、ウラジオストクには一〇数隻の潜水艦がみられた。これに対するわが在満兵力は三個師団、機械化一個旅団、騎兵集団、三個独立守備隊、飛行機約八〇機、兵力約五万で、在鮮兵力を加えても極東ソ連軍の三割にもならぬ状態となった。

日ソ戦備の均衡は破綻に瀕《ひん》し、わが大陸国防の建て直しが急務となってきた。そこで参謀本部は、ソ連の極東兵力に対し、少なくも八割の在満鮮兵力を終始保持し、かつ、なるべく早い時期に八割の航空戦備を増強するのを目標に、急速な軍備拡張を実施する。これがためには国軍の全作戦に必要な軍需工業が必要なので、国防力を充実する日本・満州経済力拡充に着手しなければならないと判断した。とくに昭和十年八月、参謀本部作戦課長となった石原莞爾《いしはらかんじ》大佐は、今や軍備だけで国防を全うできる時代ではない。速やかに戦争計画を策定し、国防国策大綱を制定せねばならぬ、と提唱し施策の推進を図った。

石原大佐は、「わが国力上、世界第一の陸軍国であるソ連と世界最大の海軍国アメリカにたいし、陸海の軍備を同時に整えることは不可能である。たとえ軍備を整えたとしても、物的戦力である資源と生産力とをもたなければ、長期戦争を遂行することはできない。現在の情勢をもって進めば、ソ・米・英・中国のすべてを同時に敵として戦わねばならぬ破目におちいるおそれがある。このため、まず対ソ軍備に重点を向けて北方の脅威を排除し、中国との破局を防止し、極力米英との和協を図り、この間、満州国の育成を図らねばならぬ」という考えであった。

これがためには、海軍と国防国策に関して思想の一致を図ることが先決であるとし、昭和十年十二月十七日から、軍令部作戦課長福留繁大佐らと討議を開始した。

この参謀本部側の構想は、必然的に、当面陸軍軍備の優先を重視するものであるから、海軍側としては反対であった。海軍としては、昭和十一年末から無条約状態となるので、国防上自信を持ちうる海軍軍備に着手する必要があった。それに満州事変以降、北支工作や内蒙工作など無統制な陸軍のやり方に強い不信感を抱いていた。したがって海軍は「北守南進」すなわち北はこれ以上進まず、日本の将来の発展を南方に方向づけるよう主張した。

陸海軍の折衝は容易に進展しなかった。

帝国国防方針等の第三次改定　昭和十一年（一九三六）一月二十三日、軍令部は、このさい国防国策を論ずるよりむしろ帝国国防方針等の第三次改定をすべきであると提案した。それは大正十二年の改定以来、国際情勢に大きな変化があり、海軍軍縮無条約に備えて国防所要兵力を確定する必要があるという理由であった。

参謀本部としても、日ソ間の軍事情勢の変化により用兵綱領が非現実的となっていることは認め、年度作戦計画立案において毎年の情勢を反映させていた。しかし改定には積極的でなかった。それは帝国国防方針といっても、軍部のみの国防であって国策とつながりがない「時代物」になって、権威がなくなったから、むしろ現下の情勢に対処する国防国策が実際的であるという意見である。

ここでも両者の意見が一致しなかったが、参謀本部が軍令部に妥協して、国防国策は政府・統帥部で決定し、それに基づく軍部の狭義国防として国防方針を改定することになり、研究討議を始めた。この年起こった二・二六事件で一時中断されたが、その後始末終了後、再び検討が続けられた。主要想定敵国を一国にしぼることはどうしてもできず、ソ・米二国となったが、これをソ・米とするか、米・ソとするか、陸海軍間の大問題となった。けっきょく、「米国・露国の記載の順序をもって、国防の目標としての軽重を示すものでない」ということで決着がついた。

最終案は「帝国ノ国防ハ帝国国防ノ本義ニ鑑ミ我ト衝突ノ可能性大ニシテ且強大ナル国力殊ニ武備ヲ有スル米国、露国《ロシア》ヲ目標トシ併セテ支那英国ニ備フ」となり、陸軍の主張と海軍の要求を合した妥協案が作成された。また「将来ノ戦争ハ長期ニ亙ル虞《おそれ》大ナルモノアルヲ以テ之ニ堪フルノ覚悟ト準備トヲ必要トス」とし、国力増強の必要も述べている。

主要想定敵国が右のとおりであるので、陸海軍国防所要兵力は、東亜大陸ならびに西太平洋を制しうることが必要となる。この兵力については陸海軍独自で立案し、論争はなかった。

陸軍は、戦争初期の所要兵力おおむね師団五〇個基幹とする。とくに最も速やかに実現を要する主要事項は㈠航空兵力は戦時約一四〇中隊を整備、㈡平時の在満兵力は高定員師団少なくも六個を基幹、㈢常設師団は二〇個、としている。

海軍は、外戦部隊として主力艦一二隻、航空母艦一〇隻、巡洋艦二八隻、水雷戦隊六隊、潜水戦隊七隊を基幹とするもので、その他にとくに常備基地航空兵力六五隊を整備しようとしている。これにより、今後約一〇年間は対米七〜八割の比率を保有できる見込みと判断していた。

用兵綱領では、記載の順序を米・露国とするか、露・米国とするかという実質に影響のない形式的な陸海論争が続いた。けっきょく、国防方針は「米露」、用兵綱領は「露米」の順とすることで妥協が成立した。

当時、参謀総長は閑院宮載仁《ことひと》親王、軍令部総長は伏見宮博恭王であったので、国防方針等三件の実務的処理は、西尾寿造《としぞう》参謀次長、嶋田繁太郎軍令部次長があたった。

本件は従来どおりの手続きを経て、六月三日、裁可になった。上奏および元帥の奉答時、天皇から「新たに対英作戦を加えた理由、国防所要兵力とくに建艦費と財政の関係、米英の大規模な建艦に対する対策」などの下問があった。通常、天皇は下問という形で懸念を表明され、注意を与えたり、再考を求められるのが慣例であった。

日本将来の進路が定められる右三件の審議にあたり、帝国国防方針案の下問を受けた総理大臣広田弘毅は「国防方針の改定は至当のことにして、極力実行に努める」旨を奉答した。

昭和の元帥府　陸海軍の軍務を調整する機関として、明治三十一年（一八九八）元帥府が、また明治三十六年（一九〇三）軍事参議院が設けられた。

元帥府は天皇の軍事上の最高顧問として、明治時代にはきわめて重要な役割を果たした。しかし大正時代後期以降になると、その活動は目立って減退したようにみられる。昭和の初め元帥であったのは、陸軍は閑院宮載仁親王、上原勇作（昭・八・十一・八死去）、海軍は井上良馨《よしか》（昭・四・三・二十二死去）、東郷平八郎（昭・九・五・三十死去）のみであり、長老としての権威はあったが、すでに活力を失っていた。

昭和七年、伏見宮博恭王（海）と梨本宮守正王（陸）が、翌八年武藤信義（陸）が元帥に任ぜられたが、武藤元帥は間もなく死去し、閑院宮・伏見宮が両統帥部長に就任すると元帥府の実体はほとんど無くなった。

大東亜戦争間、陸軍の寺内寿一《ひさいち》、杉山元《はじめ》、畑俊六、海軍の永野修身《おさみ》各元帥は、総司令官あるいは大臣・総長などの現職にあった。山本五十六、古賀峯一《みねいち》両元帥の場合は、戦死後、その功績を称えて元帥の称号をおくられたものである。

軍事参議院の場合も同様である。軍事参議官は元帥・陸海軍大臣・参謀総長・軍令部総長のほか、特に親補せられた陸海軍将官から成っていた。昭和十一年初め、陸軍では荒木貞夫・真崎甚三郎・林銑十郎・阿部信行・西義一・植田謙吉・寺内寿一の各大将、朝香宮鳩彦《やすひこ》王・東久邇宮稔彦《なるひこ》王各中将が専任の軍事参議官である。海軍は山本英輔《えいすけ》・小林躋造《さいぞう》・野村吉三郎・中村良三・末次信正・永野修身の六大将であった。

軍事参議院は重要軍務の諮詢《しじゅん》に応ずる所であったが、専任軍事参議官には帷幄の機務を知らされることが少なく、したがって、軍事参議院設立の最大のねらいである陸海軍間の調整機能を十分に発揮していなかった。また、専任軍事参議官のなかには、戦時の軍司令官・艦隊の司令長官要員として、指揮すべき団隊の能力を知らせるため、検閲や演習の総監を行わせるという趣旨も、すでに励行されていなかった。

陸軍あるいは海軍のみの軍事参議官の会同は、ときおり実施されたが、陸海合同の参議会の開かれるのはまれであった。専任軍事参議官は、次の補職まで待機する閑職ないし名誉職の傾向になっていった。

「国策ノ基準」　帝国国防方針等の策定と並行して、陸海軍間だけの極秘のうちに、国防国策の検討が進められた。海軍中央部は昭和十一年（一九三六）三月、長谷川清海軍次官を長とし海軍省、軍令部首脳から成る「海軍政策及制度研究調査委員会」を組織した。そのねらいは、満州事変以来漸次政治的発言力を増した陸軍との折衝を容易にし、かつ陸軍側の北方重視思想に対処するにあった。四月十六日、委員会の作成した「帝国国策ノ要綱」は「内ハ庶政ヲ更張シ外ハ大陸ニ於ケル帝国ノ地歩ヲ確保スルト共ニ南方ニ発展スルヲ根本方針」とするものであった。

陸軍中央部は二・二六事件後、省部首脳が一新し、緊密一体となって国防国策の推進に努めた。六月上旬、参謀本部の編制改正を行い、新たに戦争指導と情勢判断とを主務とする第二課を設け、石原大佐がその課長となった。第二課は「国防国策大綱」を立案し閑院宮参謀総長の決裁をえた。この案は、先に述べた石原構想を基本とするものであり、「まずソ連の屈伏に全力を傾注する。その後、実力で東亜における英国勢力を駆逐し、日中親善を図り、米国との決戦に備える」という考え方であった。

陸海軍の論争は容易に妥結しなかったが、ようやくお互いの主張を認め合い「南北併進」ということで、六月三十日、海軍側の手により「帝国国策ノ要綱」と「国防国策大綱」を組み合わせた「国策大綱」が策定された。

国策に関する閣議は七月から実施され、八月七日、「国策大綱」は「国策ノ基準」として広田弘毅首相、有田八郎外相、馬場鍈一蔵相、寺内寿一陸相、永野修身海相の五相会議で決定された。またこれと並行し、陸・海・外相の間で協議を続けていた「帝国外交方針」も同日、首・外・陸・海四相会議で決定した。

これらの策定にあたり、海軍は異常の熱意を燃やし、主として参謀本部と協議して策定成立させた。その主なねらいは、海軍軍備拡張の基礎をうるためであった。しかし、特に注目されることは、国策の決定にあたり、陸海軍部が主動的立場に立ち、これを政府に要求するという傾向が顕著に現れてきたことである。

その後海軍は、昭和十二年度海軍補充計画の予算を獲得し、昭和十二年度以降六ヵ年度の継続費八億余円をもって、第三次補充計画に着手した。陸軍もまた昭和十二年度以降六ヵ年にわたる陸軍軍備充実計画を立て、その実現に向かって邁進した。その内容は、国防所要兵力の項で述べたとおりである。

中国にたいする情勢判断　昭和十一年（一九三六）頃の陸軍軍備の現実はきわめて立ち遅れていた。当時、対ソ戦略態勢は相対的に弱化し、陸軍の全兵力を投入するもなお国防を全うできない情勢なので、陸軍は、戦争は極力回避し、日・満国防体制の強化を図るべきだと考えていた。

近時、中国との関係は円滑を欠き、難事が累積して情勢は緊迫の度を加えていた。しかし参謀本部は、対中国作戦は極力回避し、やむをえぬ場合も、一方面の作戦に限定するという方針をとっていた。軍令部は、中国の統一と軍備が着々と進展してきたので、従来のように局地の作戦行動によって政略目的を達成することは不可能な場合もあり、万一を考えれば全面戦争に応ずることのできる計画も必要であるという意向であった。しかし参謀本部としては、対ソ作戦準備の促進を第一としていたので、中国にたいする作戦はあくまで局地戦にとどめるという考えで、用兵綱領も「北支那、中支那及南支那地方中　情勢ニ応シ所要ノ方面ニ於ケル敵ヲ撃破シ　諸要地ヲ占領スルヲ以テ目的トス」と策定された。

これに基づき陸海軍の昭和十二年度作戦計画は立案された。しかし、その根底には陸海軍間に右に述べたような情勢判断の差異があった。また陸軍内においても用兵上の思想は不統一であった。陸軍省・参謀本部の大半、とくに参謀本部第二部（情報）さらに関東軍などは、依然、中国にたいする用兵を軽易に考え、わが権益の確保・居留民保護のため、あるいは逐次悪化する抗日・排日の勢いを挫くため、必要とあれば一部の用兵もやむを得ないという満州事変以来の積極思想も捨てていなかった。

支那事変間の大本営

戦火、華北にあがる　昭和十二年（一九三七）七月八日朝、蘆溝橋《ろこうきょう》事件突発の報告を受けた陸軍中央部の空気は、大体二つに分かれた。一つは、武力を行使して懸案の華北諸問題を解決しようと主張する積極派と、もう一つは早期事態収拾を図ろうとする慎重派である。後者は参謀本部第一部長石原莞爾少将・第二課（戦争指導）・陸軍省軍務課などであり、その他の部局は前者ないし中間派であった。しかし第一部（作戦）は直ちに不拡大の方針を決定し、同日夕、閑院宮参謀総長は現地にある支那駐屯軍に対し、兵力行使を避けるよう指示した。

政府（首相近衛文麿《ふみまろ》、外相広田弘毅《こうき》、陸相杉山元《はじめ》、海相米内光政《よないみつまさ》、蔵相賀屋興宣《かやおきのり》）も同日午後の閣議で「事件不拡大、局地解決方針」を決定した。

しかしその後、中国軍の増勢など情勢の変化により、支那駐屯軍の兵力増強が必要と判断され、七月十一日、関東軍および朝鮮軍の一部が華北に派遣された。

これとともに華北では現地解決をめざして中国側と交渉を続け、南京においても十七日から外交交渉が進められた。しかし事態は一進一止のうちに逐次悪化していった。陸軍内の積極派は内地師団の動員派遣を強く主張したが、石原少将ら慎重派はこれを抑え、あくまで不拡大、現地解決に期待を寄せていた。

しかし二十五日郎坊《ろうぼう》事件、二十六日広安門事件が起こり現地解決の見込みなしと判断された。二十六日、参謀総長は居留民・権益保護のため支那駐屯軍司令官の武力行使を許可した。

二十七日、閣議は内地三個師団の動員を決定し、参謀総長はこれら師団の派遣命令を伝宣した。二十八日、支那駐屯軍は北平《ペーピン》（北京）・天津《てんしん》付近の中国軍を攻撃した。これにより当初の不拡大方針は崩れたのである。

海軍は、事変前から第三艦隊が中国沿岸の権益および居留民の保護に任じていたが、事変勃発後はさらに警備を強化した。七月二十八日、第二艦隊が華北を、第三艦隊が華中・華南沿岸の警備を担当した。政府は、八月一日から、揚子江沿岸の在留邦人を逐次上海に向けて引き揚げさせることとし、第三艦隊が護衛にあたった。

戦線、大陸に拡大す　八月に入ると、上海方面の情勢は急速に悪化した。心配されていた揚子江流域の居留民引揚げは九日無事終了したが、同日夕刻大山事件（陸戦隊の大山勇夫海軍中尉らが中国保安隊に射殺された事件）が突発し事態はいっきょに急迫した。

軍令部は、かねてから陸軍部隊派遣決定を米内《よない》海相に要求していたが、海相は外交交渉の進展に期待し、隠忍してこれを抑えていた。参謀本部も事変を華北に限定するため、上海方面に陸軍部隊を派遣することに不同意であった。

しかし状況は刻々緊迫化した。ついに十三日午後の閣議で、居留民保護のため陸軍部隊派遣が決定された。同日夜、海軍陸戦隊と中国軍が衝突し、十四日、彼我航空部隊が爆撃を反復するまでに情勢が発展してしまった。海軍は本格的作戦を開始するに決し、必要かつ有効なあらゆる手段をとる旨、声明した。

十五日、政府は「帝国政府声明」を公表し、「中国軍の暴戻を膺懲《ようちょう》して南京政府の反省を促すのが今次出兵の目的である。日本の企図するところは日中の提携にあり、これがためには排日抗日運動を根絶し、日・満・中三国間の融和提携の実を挙げる」と、事変処理の目的を述べた。これは明らかに事変当初の「権益の確保、居留民保護」の目的よりも拡大している。しかし事件をこれ以上拡大することなく早期解決を図るのが真意であった。

陸軍は、十四日二個師団を動員し、上海派遣軍を編成した。軍は、十八日以降逐次上海に急送されて戦闘に加入し、戦線は上海北方地区に拡大していった。

十八日、参謀総長・軍令部総長にたいし、天皇から時局収拾の方策について下問があった。当時、参謀本部は㈠華北の兵力を増強し北部河北省と察哈爾《チヤハル》省の主要地を占拠し、敵の北上攻撃を迎撃する、㈡陸軍兵力の一部を上海に、また要すれば青島に派遣して居留民の現地保護に任じさせる、㈢以上の態勢で戦争持久の場合に対処することとし、講和の機を待つ、㈣戦争の結末を求めるために海軍の強力な空襲の成果に期待す、という構想であった。

いっぽう軍令部は、「目下の重点は上海の確保にある。所要兵力を使用し、上海作戦で速やかに大きな戦果を挙げることにより列国の干渉防止、経済中枢の破壊、大規模な要地空襲の実施、中国側志気の破砕など大きな成果を挙げうる」という考えである。

両統帥部は、陸・海軍省とも調整し、二十一日奉答した。その内容は、速やかに武力による成果を獲得し、早期事変の解決を図る方針のもとに、上海重点・短期決戦を主張する軍令部案と、北支重点・長期持久戦を予想する参謀本部案を合作したものであった。こうした妥協からは、透徹した統帥が生まれるはずがないのである。

宣戦布告せず　宣戦を布告するかどうかについては、事変当初から種々検討されていた。上海戦が始まると、陸軍省部の一部では、作戦行動の自由を確保するため宣戦布告を主張する向きもあったが、大勢は慎重論であり、宣戦布告に代わるものとして、九月四日の第七十二帝国議会の開院式勅語において、日本側の強い決意が述べられた。

九月中旬、近衛首相は、国家としての正しい行き方からしても宣戦を布告する方がよいのではないかと考え、陸・海軍側の意向を打診させた。しかし陸・海軍次官とも「陸海軍の一致した意見として、宣戦布告は見合わせてもらいたい」と申し入れた。その理由は「宣戦布告すると、中国と第三国間の貿易を阻止できるが、日本もまた外国からの軍需物資の輸入がはなはだ不自由となり、国防力に大きな欠陥を生じ大変なことになる」として、数字をあげ詳しく説明した。

このような中央の態度に反して、十月ごろの現地軍の総合意見は、「宣戦布告のない場合、海関（港の税関）の接収ができず、郵政・金融上など占領地行政に不便が多い。作戦が制約を受け不徹底となる。親日派の中国人指導者が日本の決意に疑念を抱くため、政権樹立運動に熱意が欠ける。断乎宣戦を布告し、日本の大義名分を明らかにすべきである」という主張が多かった。

政府は宣戦布告を行うことの利害を研究するため、十一月一日、内閣に第四委員会（会長＝企画院総裁）を設けた。これとは別に陸・海・外三省間においても研究を行ったが、十一月上旬の段階で、いずれも宣戦布告を行うのは日本に不利であるとの結論に達した。

大本営設置の経緯　大本営設置問題が実際に議論され始めたのは、上海戦勃発後からであり、宣戦布告問題と関連し、両統帥部事務当局で研究を進めた。しかし陸軍省首脳は、宣戦布告をしないうちに「戦時大本営」を作ることに反対意見であったので、いちおう沙汰止みとなった。

十月二十一日、参謀本部上層部は速やかに大本営を設置することを決定し、急ぎ事務的折衝を開始した。陸軍次官も同意したので、省部の研究は大いに進展した。この動機は九月中旬、近衛首相が政戦略一元化のため、首相を構成員とする大本営設置の話を持ちかけてきたからである。

十一月二日、陸軍省軍務局の作成した案によると、大本営を政戦両略の一致を図る機関、いわば最高戦争指導機関とする構想であって、単なる統帥機関ではなく、「大本営陸軍部内に省部首脳を合体した中枢機関を設置し、省部諸機関は実行官衙とする。政戦両略上の緊急重大な政務事項に関しては大本営御前会議を開く。参集者は主要閣僚・両統帥部長・枢密院議長」という構想であった。

参謀本部および海軍省部首脳は、大本営を純統帥機関とする考えであるので、本案には反対であった。山本五十六海軍次官も「海軍としては大本営の必要は認めないが、あくまで狭義国防の意味で海陸協同作戦の指導部というのなら反対しない」という意見であり、米内海相は、設置の時期について、上海戦の戦局一段落後の情勢をみて決める考えであった。

その後、大本営設置問題は逐次具体的に進捗し、頻繁な折衝が行われた。十一月十五日、海軍省軍務局長が陸軍省を訪れ、㈠統帥事項に関し中央統制を強化する、㈡陸軍省各局長の意見をまとめやすくするため、大本営には軍務・人事局長だけ入り、他局は課長以下とする、㈢陸軍間の調整を容易にする、このため速やかに大本営設置を希望すると申し入れた。これに対し海相は、統帥の理由ならばと同意した。

大本営の設置　十一月十六日の閣議において、従来勅令をもって定められていた「戦時大本営条例」は、戦時にのみ適用されるようになっていたのでこれを廃止し、戦時または事変に際し必要に応じ設けることのできる「大本営令」を制定し、かつ編制を現情勢に適用できるよう、軍令をもって改訂することが決定された。

十七日、裁可を受けるにあたり、閑院宮参謀総長・伏見宮軍令部総長は「今般、大本営を設置されるにあたり、統帥部と政府の間においては常に緊密な連絡協調を保持して政戦両略の一致に努む。これがため、陸海軍大臣は各国務大臣として閣議に列するとともに、統帥部の一員として大本営に入り両者間の緊密な連繋に任ずる。さらに政戦相関連する重要事項については、所要に応じ関係閣僚と統帥首脳者との会談を行い、また特に重要な案件については御前会議を奏請して聖断を仰ぐ」旨、上奏した。

大本営令は昭和十二年十一月十七日、軍令第一号として制定された。その本文は次のとおりである。

第一条　天皇ノ大纛《たいとう》下ニ最高ノ統帥部ヲ置キ之ヲ大本営ト称ス　大本営ハ戦時又ハ事変ニ際シ必要ニ応シ之ヲ置ク

第二条　参謀総長及軍令部総長ハ各其ノ幕僚ニ長トシテ帳幄ノ機務ニ奉仕シ作戦ニ参画シ終局ノ目

的ニ稽ヘ陸海両軍ノ策応協同ヲ図ルヲ任トス
第三条　大本営ノ編制及勤務ハ別ニ之ヲ定ム
大本営令は十八日公布され、同日動員下令、二十日動員完結し、大本営が皇居内に設けられた。新しい「大本営編制」と「大本営勤務令」は二十日付で制定された。

大本営陸軍部は、大本営陸軍幕僚（大本営陸軍参謀部、大本営陸軍副官部）、大本営陸軍諸機関（参謀総長に隷属――兵站総監部〔運輸通信長官部、野戦兵器長官部、野戦航空兵器長官部、野戦経理長官部、野戦衛生長官部を隷属〕、大本営陸軍報道部、大本営付属陸軍諜報機関、大本営陸軍管理部）、その他陸軍から大本営にある者として陸軍大臣（軍政に関する事務を処理するため必要の人員を随う）から成る。

大本営海軍部も、陸軍部と同じく大本営海軍幕僚、大本営海軍諸機関（軍令部総長隷属と明示された――大本営海軍通信部、大本営海軍報道部、大本営海軍戦備考査部、大本営付属海軍諜報機関）、海軍大臣から成る。

そのほか侍従武官は天皇に従い大本営に在り、と定められている。

「大本営勤務令」は、従来の「戦時大本営勤務令」と精神において大差はない。

同時に「大本営執務要領」及び陸軍部、海軍部の各「執務要領」が定められた。これによれば「陸軍部および海軍部の執務は、それぞれ参謀本部と軍令部で行う。ただし参謀総長および軍令部総長以下の幕僚は所要に応じ宮中において執務する」ことになり、「陸軍部の執務は、平時の省部相互間の分担業務に拘束されないで、統帥部を中核とする大本営陸軍部の意志を確定し、省部諸機関はこれの実行機関であるように運営を律するものとす」と定め（海軍部の執務規定も同様であったと思われる）、省部間の一体化、事務処理の敏活を企図している。

大本営会議　大本営の組織上最大の問題点は、参謀総長・軍令部総長並立の二元性である。日露戦争の戦時大本営の場合、陸海軍の不協和を調整するため、軍事参議院を設けた。しかし軍事参議院が平時においても有効に機能しなくなったことは前に述べたとおりである。

今回は「会議」により解決の途を図ろうとした。

「大本営執務要領」では「陸軍部、海軍部相互に関係を有する重要案件は、両部の協議により大本営としての方策を立案し、所要に応じ大本営会議を開きこれを議す」としている。

この「大本営会議」は、陸海軍両統帥部長・陸海両大臣・両統帥部次長・両統帥部第一部長、このほか軍政に関係ある案件を議するときは陸海両次官で構成し、その案件に応じ参謀本部または軍令部で開くか、御前会議その他とくに必要な場合は宮中で実施するものである。

また「大本営参謀会議」の取り決めも行われた。これは両統帥部次長以下、主として作戦関係の部課長を構成員とするもので、案件により陸海軍次官、所要の陸海軍参謀、大臣随員が参加することになっていた。

第一回の大本営御前会議は、十一月二十四日の午前、宮中で開かれ、閑院宮参謀総長、杉山陸軍大臣、多田駿《はやお》参謀次長、下村定第一部長、伏見宮軍令部総長、米内海軍大臣、嶋田繁太郎軍令部次長、近藤信竹第一部長が出席した。この会議は、近く軍令部首脳の一部の人事異動が行われるので、その前に現在の作戦計画を説明しておくのが目的で、重要な策案決定のためではない。

まず両総長がそれぞれ陸海軍の作戦方針を述べ、両第一部長が細部の説明を実施した。下村第一部長は、近く決定される陸軍の「作戦指導ノ大綱」の要旨を述べたが、すでに山東および南京方面にたいする積極作戦、華南の飛行根拠地占領作戦を準備している等、従来よりも積極的意図を示す内容であった。

大本営政府連絡会議　首相が大本営に入らなかった結果、国務と統帥を調整するため、その両方に身をおく陸海軍大臣が重要な役割を担うことになった。しかし近衛内閣は、さらに政府と大本営の連繫を密にするための協議体を作ることを希望し、大本営との間に次のような申し合わせができた。

一、大本営と政府との連絡については、政府と大本営のメンバーとの間に「随時会談」の協議体を作り、随時これを開くこととする。この両者の会談は特に名称を付せず、また官制にもよらず事実上の会議とする。

一、随時会談は参謀総長、軍令部総長のほか陸海軍大臣、総理大臣及び所要の閣僚をもって構成するが、閣僚の人選は、討議事項に応じ内閣書記官長、陸海軍軍務局長が行う。ただし実際の運用においては参謀総長、軍令部総長（ともに皇族）は出席せず、参謀次長、軍令部次長が主として出席する。

一、特に重要なる場合は御前会議を奏請し、参謀総長、軍令部総長、陸海軍大臣および特旨により総理大臣が列席し、場合によっては閣僚の出席することもある。

一、右協議体の幹事役は内閣書記官長、陸海軍軍務局長がこれに当たる。

この協議体による第一回の会議が十一月二十四日午後、首相官邸で行われた。出席者は首相、陸海軍両大臣、両次長、幹事として両軍務局長、内閣書記官長である。両次長がそれぞれ作戦の現況を説明したが、多田次長は「陸軍は常に対ソ考慮を必要とするので、中国との戦いには使用兵力に限度がある」と対ソ関係を重視したのにたいし、嶋田次長は「米英にたいする万一の場合に備え練成に努む」と対米関係重視を示した。これは陸海軍戦略の基本となる考えであった。

この会議は「特に名称を付せず」となっていたが、当初から「大本営政府連絡会議」と通称され、回を重ねるごとに大本営・政府ともに重視するようになった。連絡会議は法制的には何らの権威がなく、会議の決定も厳密に言えば単なる申し合わせにすぎないが、必要なものはさらに閣議決定とし、政府も大本営も十分これを尊重し、その実現に努力した。したがって連絡会議は、日本の戦争指導機関ともいえるものであった。

なお、昭和における元老は老齢の西園寺公望一人となり、明治・大正時代における元老の役割を果たすものはいなくなっていた。

不透徹な大本営統帥　陸軍統帥部は極力不拡大方針を堅持しようとしたが、現地軍の戦勢にひかれて戦線は逐次拡大し、華中では十二月十三日南京を占領し、華北では十二月下旬黄河を渡河し山東省に進攻した。海軍は陸上作戦の協力、敵航空戦力の撃滅、沿岸航行遮断等に任じた。

これと並行し、十月下旬から、在中国トラウトマン独大使の斡旋により和平工作が進められた。事変の早期解決を希望する陸軍統帥部の主流は、その成果に大きな期待を寄せていた。

大本営政府連絡会議は、十二月に入ってから会合を重ねて協議し、事変処理の目的、講和交渉条件、中国側のこれが諾否の場合に応ずる態度を定めた「支那事変処理根本方針」を策定した。統帥部は、これを権威づける必要から御前会議決定とすることを希望した。

さらに連絡会議および閣議を経たのち、昭和十三年（一九三八）一月十一日、右の「方針」を審議する御前会議が開催された。閑院宮参謀総長、伏見宮軍令部総長、多田参謀次長、嶋田軍令部次長、近衛総理、杉山陸相、米内海相、広田外相、馬場内相、賀屋蔵相、および特旨により平沼枢密院議長が出席し、外相が原案説明、両総長が意見を陳述、枢密院議長が賛意および希望を述べ、これを決定とし会議を終了した。

平沼枢密院議長の出席は、枢密院議長という資格のほかに、重臣の代表という意味でもあった。

御前会議の議事進行は総理大臣があたり、予め準備した順序に発言するというきわめて形式的なものであったが、枢密院議長とは事前の打ち合わせを行わず、真剣な質疑応答が行われた。天皇は何も発言せず、閉会後、議決された議案にたいし裁可を与えた。

期限付で求めた解決条件に関する中国側の十四日の回答は、わが方にとって不満足のものであった。十五日、大本営政府連絡会議は、日本の態度を決定するため、終日開催された。政府は交渉打ち切りを強硬に主張し、陸海統帥部は今交渉を打ち切るのは尚早であるとして激論が交わされた。結局、統帥部が妥協し、政府一任の態度を表明したので事態はいちおう収拾せられた。しかし、じ後、政府と大本営間に意志の疎隔を生ずることになった。

政府は十六日「爾後国民政府ヲ対手トセス」の声明を発した。これは事変解決を現地政権の育成強化に托し、国民政府との和平の途を閉ざし、長期戦に入るものである。よって陸軍統帥部の主流は、今後は積極作戦を中止して戦面は拡大せず、軍備を充実して時局の推移に応ずることとした。この方針を確乎不動のものとするため、二月十六日、大本営御前会議を開き、決定された。

しかるに、この戦面不拡大方針も四月には破綻した。積極作戦実施の主張が軍内外を通じて強くなり、大本営も武力による中国屈伏に企図を変更し、徐州ついで広東《カントン》・武漢《ぶかん》作戦を実施した。

右の作戦進展とともに再び中国国民政府を相手とする日中全面和平への政略施策が展開された。六月、内閣を改造した近衛首相は、首・外・陸・海・蔵相から成る五相会議を設けた。これは特定事項の審議のためではなく、事実上の少数強力内閣をめざしたものである。

このところ大本営政府連絡会議は三月以来実施されなかった。例の一月十五日の連絡会議において政府とくに陸・海相と陸・海統帥部の意見が鋭く対立した苦い経験に鑑み、まず陸海軍省部の意見を確立し、統帥部の方策は陸・海相を通じて政府と調整する方式をとっていた。陸軍においては、「十課長会議」と称する陸軍省、参謀本部の各課長の審議会を軽易に実施して事務当局としての意見を調整し、これを部局長会議に上げる方式をとっていた。昭和十三年十一月上旬、陸軍省部首脳会議が実施され、事変処理方策につき思想統一が図られた。列席者は大臣、次官、軍務局長、軍事課長、同高級部員ならびに参謀次長、作戦部長、作戦課長、戦争指導班高級課員等である。じ来、この会議も十四年秋までひんぱんに開催された。

さて政府は十一月三日「東亜新秩序建設」に関する声明を発し、同月三十日、御前会議を開催し「日支新関係調整方針」を定めた。これは「国民政府を対手とせず」を清算し、相手とすることとし、これにたいする和平条件を示すものであったが、国民政府はこれに応ぜず、国民党幹部の一人汪《おう》兆《ちょう》銘《めい》を重慶《じゅうけい》から脱出させるのに成功しただけであった。

大本営政府連絡会議が開かれなかった結果、陸・海相が相互連繫の役割にあたったが、不協和音は容易に絶えることがなかった。

苦悩深まる中国戦線　武漢攻略後、陸軍はまず対ソ・中二国戦争に備えて軍備の充実を図るとともに、さしあたりの対策として必要最小限の兵力をもって占拠地域を確保し、かつ敵勢力の抬頭を制圧するため所要に応じ適時限定的な進攻作戦を行うこととした。

この方針に基づき、昭和十四年（一九三九）には武漢周辺地域で活発な積極作戦が実施され、占拠地の粛正作戦が反復行われたほか、補給路の遮断・封鎖の強化のため、華南において海南島・南寧《なんねい》作戦等を実施した。しかし中国軍の抗戦力は衰えず、年末には中国軍の全線にわたる大規模な冬季攻勢が実施され、華中では彼我決戦的様相を呈した。

十四年九月、欧州において第二次世界大戦が勃発し、世界の情勢は大きく変転した。国際情勢の転機に応ずる国防弾撥力を保持するためには、もっぱら軍備の充実刷新を図ることが必要であり、したがって中国戦場では長期持久態勢に転移する方策が検討された。しかし昭和十五年中に支那事変を解決しなければ重大な苦境に陥る場合も予察されたので、政略・戦略・謀略の限りを尽くし、年内事変解決に努力を向けることとした。

十五年（一九四〇）三月、汪兆銘政権が樹立されたが、事変解決に貢献する存在とはならなかった。対国民政府和平を目的とする桐工作《きりこうさく》も進展せず、立ち消えとなった。五月から開始した宜昌《ぎしょう》作戦および陸海軍航空による奥地進攻作戦も事変解決に効果を及ぼすことはできなかった。昭和十五年末の段階になると、事変は長期持久戦の性格を強めてきた。

しかし大本営は、事変が手詰まりのまま大持久戦に引きずりこまれる前に、支那派遣軍が現態勢のまま対中国圧迫を続け、夏秋の候において積極作戦を実施して事変の一決を図り、長期持久態勢への移行は秋以降とすることとした。

昭和十六年に入り、支那派遣軍は総力を挙げて中国軍戦力の破摧《はさい》哀亡と占拠地域の治安確立を図った。二月から五月の間、経済封鎖のため、長大な華南沿岸諸要地に上陸し、補給ルートの遮断に努めた。華北では、五、六月の候、中原会戦を実施して大戦果を挙げるとともに占拠地周辺の活発な粛正作戦を実施した。華中では占拠地の安定確保に必要な諸作戦を実施し、九、十月には事変の一決を期待した長沙《ちようさ》作戦を行った。また五月から八月の間、陸海軍航空隊の総力を挙げて、奥地進攻作戦を続けた。

しかし、これらの武力行使も事変解決のきめ手とはならなかった。この間、日本をめぐる内外の情勢は大きく変動した。英米とくに米国は事変以来日本に好意をもたず、昭和十二年十月五日、米大統領は日本を侵略国と非難する演説を行い、昭和十四年七月二十六日、日米通商条約を破棄するなど、日米関係は逐次悪化していった。

6　大東亜戦争と大本営

開戦前の計画、準備

した。

大本営政府連絡懇談会　欧州における大戦の勃発は、一見支那事変解決の好機到来を思わしめたが、にわかに局面の好転を招来せず、いよいよ前途の多難を感ぜしめるものがあった。昭和十五年（一九四〇）七月二十二日、内外の体制刷新と時局処理の果敢断行の期待をになって第二次近衛内閣が成立した。

近衛内閣は事変遂行に関する重要国策すなわち戦争指導に関しては、陸海統帥部との緊密な連繋が必要と考え、七月二十八日、宮中における大本営政府連絡会議を復活させ、画期的な新政策を展開させていった。

このとき、東條英機《ひでき》陸相は「政戦両略一致のためには連絡会議を度々開催する必要がある」と述べ、陸海統帥部次長もいちおう賛意を表した。しかし政治が積極的に統帥に関与するのを警戒し、当分の間、連絡会議をひんぱんに実施することは実現しなかった。

十一月二十六日、統帥部側からの申し出により、大本営政府間に「連絡懇談会」設置が決定された。構成員は、さしあたり政府側は首相と陸海外三相、大本営側は両統帥部長・次長とし、内閣書記官長および陸海軍省両軍務局長が幹事として出席した。

その設置の趣旨は「本懇談会は従来の連絡会議とは若干趣を異にし、恒例的に毎週木曜日首相官邸において、軽易に政府と統帥部との連絡懇談を行わんとするものにして、統帥部が四相会議に列席するのではない。本会議で決定した事項は閣議決定以上の効力を有し、戦争指導上、日本の国策として強力に施策されるものである。本会議の設置により、従来の臨御を仰ぐことなく宮中で行われた連絡会議はおのずから実施が少なくなり、政府統帥部の協議により決定される重要国策は、御前における連絡会議すなわち御前会議と本連絡懇談会で決定されるようになる。なお、この決定事項を上奏するや否やは、その都度同席上で決める」というものであった。

趣旨は右のようであるが、実際には、従来の連絡会議の機能を代行するものであり、その運営によって爾後の戦争指導が行われた。

大本営政府連絡会議の復活　昭和十六年（一九四一）六月、独ソ開戦という非常事態を迎え、大本営機構改革が問題となった。陸海軍統帥の統合単一化と、首相以下特定の国務大臣を大本営の構成員に入れ、大本営を国務統帥統合の府に強化する案が出された。しかし大本営に首相以下国務大臣を入れるのは統帥部が反対であった。

当時、大本営は宮中にあったが、大本営陸海軍部は参謀本部と軍令部で勤務し、宮中大本営とはいっても有名無実であった。そこで七月九日、改善策として、今後は陸海両統帥部長が特定幕僚と副官らを従えて、毎日午前中に限り宮中で執務することになった。これは両者の意志疎通に益するところ大であったが、実際の大本営陸海軍部内の事務処理はかえって阻害されたので、永続しなかった。

右の改正とともに大本営政府連絡懇談会を廃止、宮中大本営において大本営政府連絡会議を恒例的に行う案が出された。この案が採択され、七月十八日第三次近衛内閣が成立すると、二十一日初顔合わせのため連絡会議が開かれ、申し合わせが成立した。

すなわち、今後は毎週木曜日に宮中大本営で連絡会議を開くほか、月・水・木曜日には「大本営政府情報交換会」を開く。出席者は杉山元、永野修身《おさみ》両総長、近衛文麿首相、豊田貞次郎外相、東條英機陸相、乃川古志郎海相、平沼騏一郎《きいちろう》国務相、鈴木貞一国務相兼企画院総裁のほか、幹事役として富田健治内閣書記官長、武藤章《むとうあきら》・岡敬純《おかたかずみ》両軍務局長である。情報交換会には、このほか参謀本部第二部長、軍令部第三部長および外務省関係局長らが出席し情報の開示説明を行うものである。

この様式の連絡会議がじ後大東亜戦争間も永く続けられた。連絡会議の議案は、政府または大本営から所要に応じ随時提案された。大本営からの提案は、常に大本営陸海軍部の意見を一致させ、陸海軍大臣の同意を経たもので、陸海軍統帥部および陸海軍省の共同提案というものである。しかしこのような合意に到達するまでには、多くの場合、事務当事者が上司の意図を持ち寄って長期にわたり熱心に討議論争を必要とした。その結論は趣旨一貫せぬ妥協案となったことも少なくない。

したがって日本の戦争指導は、陸軍・海軍および政府の合議妥協によって律せられるのがその実相であり、ややもすれば思想の統一と施策の決断および一貫性とを欠除していた。明治憲法では、この統制機能を天皇自ら果たされる建て前になっていたが、それは本来きわめて困難であり、明治・大正時代には有能な元老の補佐によりその統制機能が果たされてきた。しかし昭和になると、機構制度権限が固定硬直化し、明治の元老に代わる補佐者も少なくなり、天皇も進んで調整のため権力を行使することはなかった。

天皇は、各補佐機関相互間の合意の成立を待ってその執行を命じ、とくに陸海軍間の統帥・軍政両面の対立に関しては、両者の合意が成立するまで発動を差し控えた。ただしこの間にあって、天皇は国務大臣や統帥部長の上奏時、下問奉答などを通じ、しばしば激励・注意・暗示・示唆など、その考えを間接的に示した。これは大きな影響力と感化力を持つものであり、上奏者は天皇の意図を具現するのに苦慮するのが実情であった。

しかし天皇は、閣議や大本営政府連絡会議などで、いったん合意決定に達した国策案等の変更を命ずるようなことはなかった。

好機南進　昭和十五年五月、ドイツは西部戦線で攻勢を開始し、たちまちのうちにオランダ・ベルギー・フランス軍を降伏させた。欧州戦局の急転は仏印・蘭印その他南方地域の政治的性格に大きな変化を招来し、支那事変処理とも関連して、日本朝野の目は勢い南方に注がれるようになった。米英の目も同様である。

近衛内閣は組閣早々、七月二十六日「基本国策要綱」を閣議決定した。国防国家体制完成を目指す対内政策を重点とした国策である。ついで翌二十七日、大本営政府連絡会議は「世界情勢の推移に伴う時局処理要綱」を決定した。支那事変から大東亜戦争への発展は、実にこれら新政策の採択を契機として大きく転回していったのである。

時局処理要綱は「速ニ支那事変ヲ解決スルト共ニ特ニ内外ノ情勢ヲ改善シ好機ヲ捕捉シテ対南方ノ解決ニ努ム」、これがため対独伊政治的結束の強化、対ソ国交調整、国内戦時態勢の強化、戦備の充実など諸般の準備をすすめると定めている。

新政策は南方にたいして武力を行使することがあり、しかも戦争相手が英国に及ぶ場合を予期している。このような考えは、従来から対中国作戦と対ソ防衛に専念していた陸軍にとって画期的転換であった。

右の時局処理要綱は、大本営陸海軍部から提案されたが、陸海軍大臣は大本営の議に列し事前に承認していることであるから、実際には陸海軍の提案というものであり、軍が国防政策決定に大きな力となってきた。

時局処理要綱に基づく具体的施策の大きなものは、日独伊三国同盟条約の締結、北部仏印進駐、日華基本条約の締結であった。

日独提携の動きは、昭和十一年の日独防共協定締結以来、陸軍を始めとする朝野の底流として根強く存在し、またこれに反対する一部の勢力もあって、永い間の懸案であった。今回はソ連を対象とするものとは異なり、主として米国を対象とするもので、できれば日独伊ソ四国同盟へ拡充することを意図したものであった。従来、同盟の対象が英仏に拡大せられることすら強く反対していた海軍も、このころになるとこれに同意した。

九月十九日の御前会議は、三時間にわたる討議ののち条約締結に関する日本の態度を決定した（九月二十七日、三国条約締結）。

九月二十三日、陸海軍協同し北部仏印に進駐した。支那事変処理のため、対中国作戦基地を設定するとともに中国側補給連絡遮断作戦の強化を目的とするもので、平和進駐の予定であった。しかし中央における統制力の不備、大本営派遣幕僚や現地軍幕僚の専断などのため武力進駐となり、しかも現地陸海軍の協同も不十分で種々の紛議を生じた。

北部仏印進駐・三国同盟条約締結にたいし、米国は直ちに反応を示し、九月二十六日屑鉄・鉄鋼の対日輸出禁止を発表し、また英国も中国援助のビルマルート再開を通告してきた。

十一月十三日、「日華基本条約」および「支那事変処理要綱」を御前会議で決定した。これに基づき、最後的和平工作を実施したが成功しなかったので、十一月三十日、汪兆銘を首班とする新国民政府を承認し、日華基本条約を締結した。これにより中国では逐次長期大持久戦に転移し、南方情勢の発展に備えるため、国策の弾力性保持につとめることとなった。

海軍は十一月出師準備を発動した。出師準備とは、海軍を平時の態勢から戦時の態勢に移し、かつ戦時中これを活動させるに必要な準備作業をいう。これは年度戦時編制実施までに必要な準備作業を第一着とし、その後の準備作業を第二着とする二つに分けられる。

海軍は物資と予算の取得に苦悩を続けていたが、第一着作業は八月から一部実施に入り、十一月十五日正式に発令され準備に入った（第二着作業は、昭和十六年八月から一部実施に入り、同年十一月五日に正式に発令された）。

南進政策進む　その後欧州の戦局は、独英間の航空戦および潜水艦戦以外は小康を保っていた。日本の関心は蘭印の石油取得と、タイ・仏印にたいする勢力拡大であった。

昭和十六年（一九四一）一月三十一日、大本営政府懇談会は「対仏印、泰《タイ》施策要綱」を決定し、仏印・タイにたいし軍事・政治・経済にわたり緊密不離の結合を設定する。このため所要の威圧を加え、やむを得ない場合は仏印にたいし武力を行使する、とした。本要綱は二月一日、両総長と首相が列立して上奏し、裁可を得た。南部仏印進駐の基礎は、このときすでに国策として決められていたのである。その後、大本営陸海軍部は欧州戦局の推移をにらみながら、蘭印を含む南方問題解決のための武力行使を必要とする場合のあることを考慮し、その実行方策について検討を進めた。

四月十三日、日ソ中立条約が締結された。松岡洋右《ようすけ》外相の構想からすれば、日独伊ソ四国提携を背景に、対米国交調整を有利に行おうとする伏線であった。

日米交渉は四月十六日から正式の外交ルートにより開始された。日本政府および大本営は、本交渉に多大の関心を集中した。

この間、南方情勢は悪化してきた。前年九月以来の蘭印との経済交渉は不調に終わり、六月交渉打ち切りとなった。米英蘭は南方諸地域の戦備強化に努め、対日政治的・経済的・軍事的圧迫が加重されてきた。

このため大本営は、南部仏印を勢力下におさめるため、一部兵力の進駐を決意した。六月中旬、幾回かの大本営政府懇談会で討議ののち、六月二十五日、対米英戦を辞せずの決意をもって「南方施策促進ニ関スル件」を決定、両総長と首相が列立して上奏し裁可を得た。

仏印との現地交渉は七月二十四日成立し、日本陸海軍は二十八日から南部仏印に平和進駐を開始した。仏印防衛に関する日仏交渉は二十九日妥結した。この交渉の模様を見ていた米国は、二十五日、対日資産凍結を発令し、英蘭も直ちにこれにならった。八月一日、米国は対日石油全面輸出禁止を決定した。日本が最も恐れていた事態がついに到来したのである。

独ソ開戦に伴う新国策　六月二十二日の独ソ開戦は、日本の政府・大本営にとって大きな衝撃であった。これより先六月六日、独ソ開戦の情報を得ていた陸軍は、武力南進、米英と協調しつつ北方解決、現状推移の三案について討議を続けた。会議の大勢は対北方対南方のいずれとも決しない「準備陣」案に傾いた。陸軍省は北方武力解決には消極的であり、海軍も陸軍の北方武力解決企図を抑制しようとした。

六月下旬には連続して大本営政府懇談会が開かれ、対ソ開戦論をめぐり論争し、「情勢ノ推移ニ伴フ帝国国策要綱」を決定した。「帝国ハ依然支那事変処理ニ邁進シ、且ツ自存自衛ノ基礎ヲ確立スル為、南方進出ノ歩ヲ進メ、又情勢ノ推移ニ応シ北方問題ヲ解決ス」という方針である。

七月二日、政府および大本営首脳、枢密院議長が出席して御前会議が開かれ、右の要綱は裁可された。

「南方進出ノ歩ヲ進メ」は南部仏印進駐の再確認である。また「北方問題解決」準備として大本営は大規模な対ソ作戦準備を企図し、陸軍は未曽有の動員・集中を行った。秘匿名称として関東軍特種演習（関特演と略称）と呼んだ。

関東軍および朝鮮軍を動員するほか、内地にある所要部隊を動員して関東軍に増派した。これにより関東軍の総兵力は倍加して、人員約八〇万、馬匹約一四万頭、飛行機約六〇〇機を算することとなった。

北方にたいする武力行使は、極東ソ連軍が独ソ戦のため西送され、機の熟するをまって発動されることになっていた。したがって、わが決断は、ひとえに独ソ戦の推移如何にかかっていた。しかし極東ソ連軍の西送は少なく、季節の制約もあり、八月九日、大本営はついに年度内における北方解決企図を断念し、南方に専念する方針を採択した。

御前会議―戦争も辞さず　第三次近衛内閣は七月十八日、松岡外相を豊田貞次郎外相に交替させて発足し、日米交渉の進展を企図した。八月七日、首相は日米巨頭会談を提議し、これに多大の期待をかけた（九月三日、米側の拒否により実現しなかった）。大本営陸海軍部も局面打開方策に苦悩していた。従来、国策案の提示は陸軍側の手によることが多かったが、米国に対する重大決意を伴う国策は海軍の主導すべきものと考え、陸軍側は意見の開陳を差し控えていた。

八月十六日海軍側の提案は「十月下旬を目途に戦争準備と外交とを併進させ、十月中旬になっても外交の妥結しない場合には実力を発動する」というものである。もっとも米英蘭の禁輸により日本の自存がおびやかされ、これが打開の方策のない場合武力を行使することは、春以来陸海軍に底流する基本的態度であった。じ後、この海軍案を基礎として陸海軍間の討議折衝が行われ、その意見一致をみたのち、つぎのような「帝国国策遂行要領」として九月三日の連絡会議に付議した。

一、帝国ハ自存自衛ヲ全ウスル為対米（英蘭）戦争ヲ辞セサル決意ノ下ニ概ネ十月下旬ヲ目途トシ戦争準備ヲ完整ス

二、帝国ハ右ニ併行シテ米英ニ対シ外交ノ手段ヲ尽シテ帝国ノ要求貫徹ニ努ム（以下略）

三、前号外交交渉ニ依リ十月上旬頃ニ至ルモ尚我要求ヲ貫徹シ得ルノ目途ナキ場合ニ於テハ直チニ対米（英蘭）開戦ヲ決意ス

この国家の存亡をも決する重大国策は、わずか一日の連絡会議で決定せられた。ただし、「戦争ヲ辞セサル決意」とは強い意志を表す修辞にすぎず、「目途ナキ場合」の「目途」の判断は人により異

なるので、其の国家意志決定とは程遠いものである。

四日の閣議を経て、首相は五日議案を内奏した。このとき陸海両統帥部長が招致され、天皇は「戦争準備と外交とを併進させることなく、外交を主とする」よう強く要望した。また天皇は戦争の見透しに極度の不安を表明し、とくに杉山参謀総長には強く楽観を戒めた。

九月六日、御前会議が開かれ、恒例の出席者のほか田辺治通内相、小倉正恒蔵相も出席した。会議は、総理、軍令部総長、参謀総長、企画院総裁が陳述し、ついで原嘉道枢密院議長が質問し大本営・政府の所信を質した。最後に天皇は明治天皇の和歌を読み上げ、平和愛好の精神を強調し会議を終わった。昭和になってからの御前会議における天皇の発言は、異例のことであった。

その後、政府は鋭意日米交渉に努めたが、少しも進展せず時日は経過していった。いっぽう、陸海軍も戦備の強化、作戦準備の促進に努めた。大本営は、諸般の事情から南方作戦の発動を十一月十五日までとし、九月二十五日の連絡会議で、政府にたいし「和戦の決定」を「十月十五日」までに行うよう要望した。本格的戦争準備促進のためには和戦決定の国家意志が必要であった。

しかし和戦の決定をめぐり、政府首脳の意見は容易に一致しなかった。豊田外相は交渉継続の考えであり、海相は首相に一任し、東條陸相は米国の提案条件に反対であり、近衛首相は決断できず、近衛内閣は内閣不統一により十月十六日総辞職した。

御前会議—開戦を決意　十月十八日、東條内閣が成立した。東條英機中将は特例をもって陸軍大将に進級し、かつ現役のまま首相となり、また政戦略の一致を図るため陸相を兼ね、必然的に大本営に列した。

東條内閣は、九月六日決定の「帝国国策要領」は白紙に還元するようにとの天皇の旨を受け、二十三日から連日、今後の国策遂行要領の再検討を実施し、十一月二日成案を得た。新「帝国国策遂行要領」は次のとおりである。

一　帝国ハ現下ノ危局ヲ打開シテ自存自衛ヲ完ウシ大東亜ノ新秩序ヲ建設スル為此ノ際対米英蘭戦争ヲ決意シ左記措置ヲ採ル

㈠武力発動ノ時機ヲ十二月初頭ト定メ陸海軍ハ作戦準備ヲ完整ス

㈡対米交渉ハ別紙要領ニ依リ之ヲ行フ

㈢独伊トノ提携強化ヲ図ル

㈣武力発動ノ直前泰《タイ》トノ間ニ軍事的緊密関係ヲ樹立ス

二　対米交渉カ十二月一日午前零時迄ニ成功セハ武力発動ヲ中止ス

〔別紙　対米交渉要領の甲案、乙案略す〕

二日、首相は陸海両統帥部長と列立し、連絡会議における討議の経過と結論を上奏した。四日、御前における陸海軍合同の軍事参議院参議会が開かれ（一九名出席）、「帝国国策遂行要領中国防用兵ニ関スル件」が諮詢《しじゅん》された。閑院宮元帥が議長となり、やむをえない旨を議決奉答した。これは軍事参議院の取り扱う性格の問題ではなかったが、事態の重大性に鑑み、軍首脳全員一致のもとに施策を進める必要上、東條首相が開催を推進したのである。翌五日、御前会議が開催され、この「帝国国策遂行要領」が原案どおり採択された。

その後、日米交渉は甲案と乙案により進められたが、米国の態度は強硬で、十一月二十六日、日本の中国・仏印よりの即時撤退、蔣介石政権以外の中国政権の否認、三国同盟の実質的無力化などから成るいわゆるハル・ノートを提示してきたので万事を決した。二十九日、天皇の希望により政府と重臣（首相経験者）との懇談会が宮中で開かれた。重臣等は、政府の開戦決意を諒承するのもやむをえないとした。十二月一日、御前会議が開かれ、ついに開戦が決定された。今回は、政府側からは特に全閣僚が出席した。

戦争指導計画　大本営は九月以来、対米英蘭戦争計画の討議策定に努力したが、総合計画として連絡会議に付議する余裕がなく、その内容となるものは個別的に逐次決定されていった。

戦争目的は「帝国国策遂行要領」にあるとおり、日本の自存自衛を全うし、大東亜の新秩序を建設するにあった。この二目的のうち重点は自存自衛であり、新秩序建設は作戦の結果として得られる従属的・成果的なもので、両者は表裏の関係にあると考えていた。しかし、指導者間においても必ずしも思想が統一されておらず、天皇や海軍は自存自衛に徹していたが、政府や陸軍は新秩序建設をも重く見る傾向があり、とくに開戦後、戦局有利なときは新秩序建設が重く見られがちであった。

武力を行使して攻略する範囲と攻略順序は基本戦略として重要な課題であった。南方資源地帯を攻略し、戦争の長期持久化に備え、政戦両略上の長期不敗態勢を確立するのがその主要着眼であった。このため戦略・経済上等の要求から攻略範囲をビルマ、マレー、スマトラ、ジャワ、セレベス、ボルネオ、比島《フィリピン》、グァム、ウェーキ、ラバウル、香港等の地域と定めた。攻略順序は、海軍は比島方面から右回りで南方へ、陸軍はマレー方面から左回りの案を主張したが、けっきょく、比島・マレー両方面から開戦初頭の奇襲効果をおさめるとともにジャワに向かって両方面から同時に作戦を進めることとなった。

開戦時機は、主として液体燃料の需給上の要請と統帥部の作戦上の要求とを重視して決定した。すなわち昭和十七年三月以降になると液体燃料の保有量に余裕がなくなり、日米軍備の比率の懸隔が大となり、米英蘭の共同防衛関係が強化されるので開戦はなるべく早いのが有利である。またソ連が対日戦に出た場合、二正面作戦を避けるため、北方作戦不適の冬季間に南方作戦を終了すること、また真珠湾攻撃のための海洋の状況、上陸作戦のためのマレー近海における風波の状況は、季節的に一、二月は不適である、などの理由により統帥部の主張する戦略的先制の効果を最大限に発揚するねらいをもって、十二月の初旬が選ばれた。

物的国力とくに船舶損耗の推定と石油需給の見通しが、和戦を決する重要問題であり、早くから検討されていたが、戦争により南方資源を獲得利用すれば前途に光明があるという判断であった。

作戦の見通しについては、大本営は必勝とは行かぬまでも不敗の算ありと信じていた。

陸軍は、南方にたいする初期作戦は、相当の困難はあるが必成の算がある。じ後は海軍の海上交通確保と相まって所要地域を確保できるであろうとし、海軍は、初期作戦の遂行と現有兵力関係での邀《よう》撃《げき》作戦には勝算がある。初期作戦が適当に実施されれば、南西太平洋における戦略要点を確保し、長期作戦に対応する態勢を確立することは可能である。対米作戦は武力的屈敵手段がなく長期戦となる覚悟が必要であり、長期戦となれば、米国の軍備拡張に対応するわが海軍戦力の適当な保持如何にかかり、戦局は有形無形の各種要素を含む国家の総力と世界情勢により決せられるところが大であろうと判断していた。

しかして初期作戦は約五ヵ月で南方要域の大部の占領を終わり、作戦は一段落を画するものとの見通しをもっていた。

戦争終末促進に関する腹案は、十一月十五日の連絡会議で決定した。この腹案では、戦争の終結を米国の継戦意志の喪失に求めようとした。継戦意志の破摧《はさい》は、適時米海軍主力を誘致してこれを撃滅し、戦意を喪失させるほか、日本が直接米国にたいし積極的屈伏手段を加えることにより実現しようとするものではなかった。すなわち、㈠西太平洋に長期不敗態勢を確立、㈡積極的措置により中国国民政府の屈伏を促進、㈢独伊と提携し英国の屈伏を図る、という間接的方策により、米国側に自ら手をひかせようとするものであった。

大本営の作戦計画　陸海軍両統帥部は、昭和十五年末ころから、緊密な連絡をとりつつ真剣に作戦計画の策定に取り組み、十六年八月ごろまでに一応これを概成した。その後、図上演習を実施し最後的検討を加えて完成し、両総長は十一月三日と五日の両日、列立して上奏し、五日裁可を受けた。なお十一月十五日、陸海軍統帥部は天皇の前で兵棋《へいき》（駒を使っての図上演習）を行い、南方作戦計画を説明した。陸海軍大臣もこれに同席した。

大本営陸軍部の作戦計画は南方作戦を主体とするもので、「東亜における米国、英国ついで蘭印の主要な根拠を覆滅し南方の要域を占領確保」するを目的とし、大本営としての基本計画とこれに基づく作戦軍の作戦計画から成っていた。

大本営海軍部は「速やかに在東洋敵艦隊および航空兵力を撃滅して南方要域を占領確保し、持久不敗の態勢を確立し、この間敵艦隊が来攻すれば邀撃撃滅して敵の戦意を破摧《はさい》する」を作戦方針とし計画した。なお、山本連合艦隊司令長官の主張するハワイ作戦を実施するや否やは最大の関心事であり、これが本計画に入れられることになったのは九月末のことであった。

陸海軍の協同の大本は、大本営における「陸海軍中央協定」により規定された。これが統合作戦計画にあたるものであり、陸海軍共通の作戦計画とみられるものである。この協定は右の陸海軍作戦計画と同時に「南方作戦陸海軍中央協定」と、これに基づく「南方作戦陸海軍航空中央協定」が策定された。陸海軍各作戦部隊は、この中央協定を受けて、おのおの協同する相手方とさらに細部の具体的な「陸海軍現地協定」を行った。

大東亜戦争間の大本営

南方攻略作戦成功す　昭和十六年（一九四一）十二月八日未明、ハワイ空襲に呼応して、比島の航空撃滅戦、マレー半島の奇襲上陸が敢行され、進攻作戦は各方面ともおおむね順調に進展した。

大本営および政府は、進攻作戦の進展に伴う政戦施策を逐次講じていたが、昭和十七年二月四日の連絡会議の決定により、今後の戦争指導について多面にわたる諸方略を研究することになった。

初期作戦の予期以上の成功により、大本営陸海軍部は「長期戦遂行のため、従来は守勢的戦略態勢を予期していたが、今や攻勢的戦略態勢に転ずることのできる機運となった」との情勢判断をするようになった。しかし具体的に今後の作戦について検討すると、陸海軍間に大きな戦略思想上の差異があった。

海軍側はオーストラリア・ハワイ・インド等の外郭要地にたいし、できれば逐次攻略を伴う作戦を実施し、この際に起こる艦隊決戦により敵を破摧して、敵海軍の抬頭を常に抑圧しようとする連続決戦の思想である。陸軍側は、予定の範域を攻略した以上、国力とくに戦力に即応した堅実な戦略持久を策し、来攻する敵を破摧して持久目的を達成するという開戦時決定の戦争および作戦指導の基本方針は、軽々に変更すべきでないという考えである。

ここに見るように、陸海軍戦略思想の相違は、小は局地作戦から大は戦争指導にいたるまで、戦争間常に対立し調整に苦しんだところであった。この考えの相違は陸上作戦と海上作戦の性格の相違に由来するものであろう。論争ののち、陸軍統帥部は海軍の主張する外郭要地の作戦にたいし、制圧作戦ならばよいが大攻略作戦を伴う作戦は回避するというところまで同調した。

三月七日の連絡会議で「今後採ルヘキ戦争指導ノ大綱」が決定された。その第一項は「英ヲ屈伏シ米ノ戦意ヲ喪失セシムル為引続キ既得ノ戦果ヲ拡充シテ長期不敗ノ政戦略態勢ヲ整ヘツツ機ヲ見テ積極的ノ方策ヲ講ス」とするもので、趣旨がきわめて不明確であった。陸軍の主眼は「長期不敗ノ戦略態勢ヲ整ヘツツ」の字句にあり、海軍は「既得ノ戦果ヲ拡充シテ」「機を見テ積極的方策ヲ講ス」るところに主眼があった。字句を整えることにより、いちおう成文化されたが、両者の腹の中は元のままであった。三月十三日、首相および両統帥部長は列立して右の「大綱」を上奏した。

これに基づき、外郭要地にたいする諸作戦――セイロン島にたいする航空進攻作戦、ポートモレスビー海路攻略作戦とサンゴ海海戦、フィジー・サモア・ニューカレドニア作戦（F・S作戦）準備、ミッドウェー作戦、アリューシャン作戦が実施された。このうち六月六日のミッドウェーの敗戦が日本海軍に与えた影響は大きく、これを機に太平洋における主導権は米国側の手中に帰することになるのである。いっぽう中国大陸においても、日本本土空襲に利用される航空基地覆滅のための浙贛《せっかん》作戦、重慶《じゅうけい》進攻作戦準備が行われた。また陸軍は、六月以降逐次に、全般の防衛態勢を整備し兵備上の弾撥力を保持する措置を講じていった。

ガダルカナル島の失陥　八月七日、米軍が突如ガダルカナル島に上陸し反攻を開始した。これにたいし大本営は逐次陸海軍部隊をソロモン方面に派遣して撃退に努めたが、補給輸送がきわめて困難なため戦力が発揮できず、苦戦の連続であった。

広大な海洋に点在する島嶼《とうしょ》作戦は、兵力の維持培養等すべて船舶に依存した。したがって統帥部は、ソロモン方面の作戦完遂のため船舶の徴傭配当を強く要望した。いっぽう政府側は、南方地域で開発取得した戦争不可欠の資源を一刻も早く本土に還送して、国力および戦力造成の軌道に乗せるため船舶が必要であった。しかし造船能力は船舶の損耗を補塡《ほてん》できず、陸海軍の要求する船舶増徴問題は難航を続けた。

十二月十日、大本営政府連絡会議の御前会議において「当面戦争指導上作戦ト物的国力トノ調整並ニ国力ノ維持増進ニ関スル件」が審議ののち採択され、当面の対策が立てられた。しかしこれは根本的な解決ではない。南東太平洋方面からする敵の反攻圧力は、わが国力と作戦の均衡を根底から覆すものがあったのである。

ガダルカナル島の戦況はついに好転せず、十二月三十一日の大本営御前会議で同島からの撤退が決定された。このころが全戦局の分かれ目となった。戦略的主導権を握った米濠連合軍は、昭和十八年に入ると、ニューギニア北岸沿いに比島に迫るラインと中部太平洋を中央突破するラインによって、本格的な反攻に転じてきた。その速度と規模は、わが予想よりもはるかに速くしかも強大であった。また欧州においても独伊の戦勢は振るわず、日独伊三国共同戦争遂行の基本構想も崩れようとしてきた。

絶対国防圏の設定　大本営は、新情勢に対処するため検討を進めていたが、十八年（一九四三）九月十五日、従来の作戦方針に大きな変更を加えることを決意した。新作戦構想のねらいは、ガダルカナル島撤退以後、引き続き行われている南東太平洋方面における敵との決戦遂行による激烈な消耗戦から、思い切って間合いをとり、昭和十九年中期を目途として「絶対国防圏」を設定して不敗の戦略態勢を造成し、その間、航空兵力を中核とする陸海戦力の飛躍的充実を図って、主動的に米英軍の大反攻に対決しようとするものであった。「絶対国防圏」は、日本の戦争遂行上太平洋および印度方面において絶対に確保する要域で、千島・小笠原・内南洋（中・西部）および西部ニューギニア・スンダ・ビルマを含む圏域である。

この新構想を遂行するためには、陸海軍備充実、新防衛線への陸海戦力の配置、航空機の大増産が必要であるが、そのためにはすべて画期的な生産増強にまたねばならず、その目的を達成するには政治・経済・産業等各般にわたる総合施策の遂行が必要であった。

そこで大本営および政府は政戦略の総合的検討を進め、九月二十五日の連絡会議で意見が一致し、九月三十日の御前会議で「今後採ルヘキ戦争指導ノ大綱」が採択された。これは開戦後初めての画期的戦争指導方策である。すなわち緒戦以来の追撃的戦争指導の観念を清算するとともに、独伊への依頼心を払拭《ふつしょく》し、巨大な連合軍の反攻に独力で対応する決心を確定したものである。

御前会議は、大本営から陸海軍両総長・両次長、政府側からは首相のほか閣僚一〇名、枢密院から原議長が出席し、約五時間にわたり審議を行った。

新作戦方針に基づき、大本営は濠北および中部太平洋方面に兵力を増強し、国防圏の強化に努めた。しかし、この間にも連合軍の反攻は絶えることがなく、国防圏の前衛線は逐次崩壊していった。

大臣、総長の併任　昭和十九年（一九四四）一月末、国防圏東翼であるマーシャル群島のわが航空主要基地は、米機動部隊の奇襲を受けたちまち潰滅した。つづいて二月十七日早朝、絶対国防圏の要衝トラック島が空襲を受け、大損害を受けた。

トラック空襲は東京にも大きな影響を与えた。すなわち二月二十一日、東條大将が陸相のまま参謀総長に、また嶋田大将が海軍大臣のまま軍令部総長に親補された。大臣が総長を併任することは建軍以来絶無であった。

事の次第は次のとおりである。東條陸相は十八日夜木戸幸一内大臣を訪ね、この重大戦局に直面し、統帥と軍政との関係を緊密にし、かつ陸海軍の提携を一層緊密にするため、自分が陸軍大将の資格で参謀総長を併任したい。負担が増大するので参謀次長を二人とする。軍令部総長の更迭《こうてつ》は歓迎する。

元帥府を強化活発化する（現在の両総長はともに元帥である）、と申し述べた。ついで十九日、中部軍司令官後宮《うしろく》淳《じゅん》大将の上京を求めるとともに、自分の決心を嶋田海相に語った。このとき嶋田海相は、海軍も同じ形にするのが陸海協調上有利であろうと考えた。

同日午前、冨永陸軍次官が陸相の意向を杉山参謀総長に伝えたが、総長は「統帥と政務とは本質上一緒にしてはならない。これは日本軍伝統の鉄則である」と絶対不同意を主張した。同日夜、陸軍三長官会議が開かれた。杉山参謀総長、山田乙三《おとぞう》教育総監は、東條陸相の意見に反対し大激論となった。しかし陸相が最後に、すでに天皇の内諾を得ているとの一言が決め手となり、総長・総監もやむなく「臨機特異の特例として今回限り併任を認む」との前提で同意した。三長官会議は東條陸相の決意に押し切られた形で幕を閉じた。

海軍では嶋田海相が十九日、永野軍令部総長に相談したところ「大臣と総長の一人二役は政治が統帥に干与し累を及ぼすおそれがある」と反対した。二十日、海相は伏見宮博恭王元帥に事情を説明したところ、伏見宮は「それは人によることであり、君が総長になるのならよかろう」と答えた。よって海相が再び永野総長と会談した。総長は「やむをえない」と答えた。このようにして前記の発令をみたわけである。

これとともに総長を補佐する次長を二人制とし、陸軍は高級次長後宮淳大将・次級次長秦彦三郎中将、海軍は第一次長塚原二四三《にしぞう》中将・第二次長伊藤整一中将がそれぞれ就任した。

ここに東條大将は首相・陸相・参謀総長の一人三役に、嶋田大将は一人二役となった。国務および統帥の首脳者の人的結合により、国務と統帥の一体化をはかる非常措置である。戦争中の激務が人力にあまる問題は別として、当時の憲法解釈上からすれば、可能な最高の方式であったのではないか。大臣・総長併任後、毎週二回、大本営作戦打ち合わせ会を実施し、陸海軍間業務に改善されるところがあった。海軍では省部の一本化のため、海軍省内の必要な局員を大本営参謀兼任とし緊密度の増加を図った。

今回の措置がとられる前に陸海軍合同の問題があった。陸海軍の統帥、軍政の対立解消についでは陸海軍ともに努力したが、解消手段について陸軍は根本的解決をねらい、海軍は現状修正程度に止めようとする傾向があった。昭和十九年初頭においては、陸海軍航空機の機数を決定するため、アルミニウムの配分問題をめぐって、陸海合同促進の空気が濃厚となった。この配分問題は事務的に解決の目途がなかったので、数次にわたる陸海四巨頭会談（両総長、両大臣）が行われたが、容易に調整できなかった。この行き詰まりを打開するため、秦参謀次長は二月十日の会談に、陸海軍の統合を提案する準備をした。その内容は、㈠陸海軍省を統合し国防省を設置する、㈡陸海軍両大臣および両総長を各一人に統合する、という案である。

しかし配分問題が解決したためこの提案はなされなかったが、このような考えの出てくる当時の空気が大臣・総長併任問題に影響を与えていたと思われる。

したがって大臣・総長の併任に納得するむきも多かったが、とに角、まったく異例の措置であったので、軍内および部外から幾多の批判を受けた。その利とするところよりも、同一人に過大の権力と事務が集中することになり、疑惑と不満、施策の混濁と不徹底という弊害も生じ、情勢の急迫とともに逐次表面化してきた。当時御殿場に静養中の秩父宮は、三回にわたり不同意の意向を表明している。

この間、中国大陸における一号作戦は順調に進展したが、ビルマではインパール作戦に失敗した。また中部太平洋では、六月十五日から「あ号」作戦が開始され、未曽有のマリアナ沖海空決戦が行われたが、わが方の惨敗に帰し、七月十五日、サイパン島は米軍の手中に帰した。要衝サイパン島の陥落は、わが太平洋の防波堤の崩壊を意味するものであった。

戦局の悪化に伴い、東條内閣不信、政変気構えが濃厚となった。東條首相は内閣の改造を企図したが、相談を受けた木戸内大臣は㈠総長と大臣を切り離し統帥を確立させる、㈡海軍大臣の交迭、㈢重臣を入閣させ挙国一致内閣を作る、という条件を出した。これは重臣の意向を反映するものであった。

東條首相はやむをえず右三条件を呑むこととし、陸軍首脳の人事異動を行い、七月十八日、新参謀総長に梅津美治郎《よしじろう》大将が親補された。海相の交迭は円満に行われ、十七日野村直邦《なおくに》大将が新海相となり、嶋田大将は依然軍令部総長の職に留まった。

最高戦争指導会議を設く　昭和十九年（一九四四）七月十八日、東條首相は内閣改造に失敗して総辞職した。ついで小磯国昭、米内光政（ともに予備役）大将に組閣の大命が下った。小磯大将は組閣にあたり、陸海軍にたいし、首相が大本営に列することのできるよう措置することと、陸海軍大臣候補者についての希望を述べた。これにたいし陸海軍とも首相が大本営に列することに反対し、陸軍は三長官の決議として杉山大将を陸相候補に推すこと、海軍は米内大将が現役に復帰して海相となることに同意することを回答した。

このようにして二十二日小磯内閣が成立した。八月四日、小磯首相の提案に基づき大本営政府連絡会議は「最高戦争指導会議」の設置を決定した。この会議は「戦争指導の根本方針の策定および政戦両略の吻合《ふんごう》調整に任ずるもので、宮中で開催し、重要な案件の審議には天皇の臨席を奏請する。本会議の構成員は参謀総長、軍令部総長、内閣総理大臣、外務大臣、陸軍大臣、海軍大臣とし、必要に応じその他の国務大臣、統帥部両次長を列席させることができる。幹事は内閣書記官長および陸海軍省両軍務局長とする」もので、官制上のものではない。

従来の連絡会議と実質的には変わりないが、会議の決定効力は構成員全員の出席が必要とか、幹事なしで会議を開くことありなどの申し合わせを行い、戦争指導首脳部の責任と決意を示すものがあった。

これより先、大本営はマリアナ失陥後の情勢に対処する作戦指導方針を研究し、七月二十一日、㈠比島、台湾、南西諸島、本土、千島にわたる海洋第一線の防備を強化、㈡この諸地域のいずれに敵が来攻しても随時陸海空の戦力を結集し迎撃撃砕す、㈢これを捷《しょう》号作戦と呼称す、との根本方針を定めた。そして敵主力の進攻を本年後期と判断し、国軍決戦方面を本土連絡圏域および比島方面と予定した。しかし、これを戦争指導構想から検討すると、決戦的努力と長期戦的努力の調節をどうはかるかが問題であった。これについて大本営は、全勢力を決戦七対長期戦三の割合で進むことに決定した。

政変のため、戦争指導上の重要問題検討は遅れたが、八月十九日、天皇臨席の最高戦争指導会議で「今後採ルヘキ戦争指導ノ大綱」を決定し、大本営および政府はそれぞれの分野で施策を進めることになった。

しかし、早くも十月中旬には米軍の比島攻略作戦が開始され、レイテ島を中心に陸海空にわたる決戦が展開された。戦いは日本軍の惨敗となり、大本営は十二月十九日レイテ地上決戦方針を放棄し、本土防衛態勢の整備を急いだ。昭和二十年（一九四五）一月二十日、「帝国陸海軍作戦計画大綱」が決定された。日本の陸海軍が共通の作戦計画を策定したのはこれが最初であった。新作戦計画の基本構想は、本土の外郭地帯（南西諸島、小笠原方面）で進攻米軍に対し出血・持久作戦を遂行しつつ、この間、本土の作戦準備を固め、本土において最終決戦を遂行するにあった。三月二十日、大本営陸軍部は「決号作戦準備要綱」を策定し、本土の作戦準備促進を処置した。

しかし小磯内閣になってからの大本営と政府の連繫は東條内閣時代にくらべ、はるかに緊密性を欠き、大本営側が戦争指導の主導権を握っている観があった。小磯首相はレイテ作戦の転換すら知らされぬほど、用兵作戦事項に通じることのできぬのに不満であった。三月の初め、小磯首相の要望により大本営は、㈠首相の大本営列議、㈡戦争指導を大本営で実施するの二案を審議した。統帥府である大本営を戦争指導機関的性格に飛躍させることは、単に大本営令の改正だけで処理できるものでなく、憲法改正にもつながる重大問題であった。けっきょく三月十六日、総理・両総長列立して「戦争指導強化のため小磯内閣総理大臣は特旨により大本営にあって作戦の状況を審にする」旨を上奏し裁可をえた。これにより首相は大本営の議に列したが、作戦の実情に某程度触れえたにすぎなかった。

なお、二月には戦争指導に関する意見を聴取したいという天皇の要望により、平沼、広田、近衛、若槻、岡田、東條元首相および牧野伸顕《のぶあき》が、個別かつ秘密のうちに意見を上奏した。これら重臣は明治の元老とくらべるほどの大きな役割はなかったが、近時は木戸内大臣のよき相談相手あるいは顧問のような働きをする者もあった。

天皇はまた三月三日、陸海軍大臣に陸海軍合同の可否を下問した。陸軍は本土決戦準備のため早急に陸海合同を希望していたが、海軍はまず大本営陸海軍部の合一実施、そのためとりあえず陸海軍部が同一場所で勤務することから実行する考えであり、けっきょく、急速には実現できぬ旨を奉答した。

この間、米軍の本土爆撃はますます盛んとなり、進攻作戦は進展し、三月十七日硫黄島守備隊は玉砕した。また四月一日、米軍は沖縄に上陸し激戦が開始された。

天皇、和平の意を示す　戦争指導に行き詰まりを感じた小磯内閣は、昭和二十年（一九四五）四月五日総辞職した。このさい小磯首相は、後継内閣は「大本営内閣」でなくてはならぬ旨を述べた。国務と統帥の一体化の必要を痛感していたからである。大本営内閣構想は陸海軍首脳の反対で消えた。重臣会議は新首相として枢密院議長鈴木貫太郎《かんたろう》海軍大将を選び奏請した。表面上は、あくまで戦争を戦い抜く姿勢を示しつつ、早期和平を講ずる内閣を期待したものである。鈴木内閣は四月七日組閣を完了した。

最高戦争指導会議の運営については、前内閣時代のものを踏襲した。ただし四月十六日の最高戦争指導会議で会議事項は戦争指導の根本事項のみに限定した。また政戦両略の吻合《ふんごう》調整に関する事項につき大本営政府間の意志確定にあたっては、陸海軍大臣が主として両者間の調整を図ること、定例的に行わず必要に応じ開催することなどを定めた。従来は大して重要でない問題まで最高戦争指導会議で議していたが、今後は閣議を重視する趣旨である。したがって陸海軍大臣の役割を明確にした。また四月十九日、鈴木首相は前例にならい特旨により大本営の議に列することになった。

五月十一日から対ソ工作に関する最高戦争指導会議が開かれた。秘密保持のため会議構成員は鈴木首相、東郷茂徳外相、阿南惟幾《あなみこれちか》陸相、米内海相、梅津参謀総長、及川古志郎軍令部総長の六人のみである。幹事を交えないこの方式の最高指導会議が、今後の通常のやり方となった。三回にわたる討議により、ソ連の参戦防止と好意的中立獲得・講和の仲介のため、対ソ交渉を開始することを決定した。六月三日、マリク・ソ連大使との会談が始められた。

いっぽう、来たるべき本土決戦に即応する戦争指導の基本政策の立案が進められた。すでに四月中旬に作成されていた陸軍案を基とし、最高戦争指導会議事務当局で審議し、六月六日の最高指導会議を経て、六月八日の御前会議が決定された。御前会議には六人の構成員と幹事のほか平沼枢密院議長、豊田貞次郎軍需相、石黒忠篤農相が特に出席し「今後採ルヘキ戦争指導ノ基本大綱」を審議決定した。この基本大綱の主眼とするところは、戦争目的を国体護持と皇土の保衛の二項目に限定し、この目的達成のため、あくまで戦争を遂行するという強硬な態度を決したことである。

しかし木戸内大臣を中心に時局収拾対策が進められていた。六月二十二日、天皇は六人の最高戦争指導会議構成員を招集し、自ら「戦争終結についても具体的に研究を遂げその実現に努力するように」と述べ、かつ各人の意見を聴取した。この日の会同で天皇が意見を明確に表現したことは、日本の和平への途に決定的一歩を踏み出したことを意味した。

終戦の聖断　七月二十六日、米英ソ三国首脳が会談中のベルリン郊外ポツダムから日本の降伏を勧告する米・英・中三国の共同宣言（八月九日、ソ連が参加して四国宣言となる）が発表された。これに対し二十七日の最高戦争指導会議は、三国宣言を拒否することなく、ソ連の態度を見定めた上でこれに対する態度を決定することとした。ところが鈴木首相は二十八日の記者会見で「ポツダム宣言を黙殺する」と述べた。この談話は海外放送網を通じ全世界に伝えられ、連合国は「黙殺」を「無視」または「拒否」と解釈した。

よって八月六日、米国は広島に原子爆弾を投下し、九日、ソ連は対日参戦した。九日午前、最高戦争指導会議が開催された。会議はポツダム宣言を受諾するという原則では意見が一致したが、これに付する四条件——国体護持、戦争犯罪人の自主的処理、在外軍隊の撤兵復員、保障占領の保留——について論議が尽きず午後一時におよび、ひとまず中止した。この会議中、原子爆弾が長崎に投下された。

午後二時半から閣議が開かれた。東郷外相は国体護持のみを条件とする宣言受諾論を述べ、阿南陸相は四条件が容れられなければ抗戦を継続すると強硬に主張し、各閣僚からも議論が続出した。夕刻の休憩後、再び閣議を続けたが、午後一〇時半を過ぎても何ら決定できず再度休憩に入った。

よって鈴木首相の上奏により、同日の深夜、異例の御前会議奏請により、午後一一時五〇分過ぎから天皇臨席のもと、平沼枢密院議長も出席し宮中防空壕の一室において、最高戦争指導会議が開かれた。首相は「三国共同宣言に挙げられたる条件中には、天皇の国法上の地位を変更する要求を包含しおらざることの諒解の下に、日本政府はこれを受諾す」との議案を提出した。陸相および両統帥部長は受諾するには少なくも四条件を具備することが必要であるとして、これに強く反対し、議はまとまらなかった。よって鈴木首相は十日午前二時三〇分、聖断（天皇自らの決定）を願った。天皇は「陸海軍統帥部の計画は従来から常に錯誤し時機を失している。本土決戦というが、どのようにして邀撃できるか。空襲は激化している。これ以上国民を塗炭《とたん》の苦しみに陥れ、文化を破壊し、世界人類の不幸を招くことは欲しない。この際は忍び難きを忍ばねばならぬ。今日は明治天皇の三国干渉の際の御心をもって心とすべきである」と、ポツダム宣言受諾に同意の旨を述べた。ここにおいて、右提出議案に若干字句を修正したものが本会議の結論となった。この聖断に持ち込むまでの間、木戸内大臣は天皇の側近として大きな役割を果たした。

しかし、日本のポツダム宣言受諾意志の通告にたいする四国の回答をめぐって、事態は再び紛糾《ふんきゅう》し、十二日の閣議、十三日の最高戦争指導会議と、もみにもんだ。

こうして十四日午前一〇時やや前、天皇は全閣僚と両総長、枢密院議長、書記官長、綜合計画局長官、陸海軍両軍務局長に一〇時半に参内せよと命じた。いっぽう天皇は杉山元、畑俊六、永野修身の三元帥を招致し、終戦の決意を述べ、軍がこれに服従することを要求した。

まったく不意に天皇から招集を受けた参集者はあわただしく参内し、最後の御前会議が開かれた。鈴木首相は、最高戦争指導会議および閣議において全員の意見が一致せぬので、聖断をえたいと述べた。天皇は反対者の意見を聴取したのち、終戦の断を下した。ここに大東亜戦争の降伏終結が決定したのである。

十四日、終戦の詔書が発布された。

大本営は、連合国最高司令官の指令により九月十三日その姿を消した。参謀本部・軍令部も十月十五日廃止された。

参考文献

一、昭和十六年までを通観できるもの
戦史叢書『大本営陸軍部』1・2
戦史叢書『大本営海軍部・連合艦隊』1
『現代史資料37大本営』（昭42　みすず書房）
二、昭和十六年以降の部
戦史叢書『大本営陸軍部』3〜10
戦史叢書『大本営海軍部・連合艦隊』2〜7
服部卓四郎『大東亜戦争全史』（昭40　原書房）
三、某時期に関して詳細なもの
戦史叢書『大本営陸軍部・大東亜戦争開戦経緯』1〜5
戦史叢書『大本営海軍部・大東亜戦争開戦経緯』1・2
戦史叢書『支那事変陸軍作戦』1〜3
谷　寿夫『機密日露戦史』（昭51　原書房）
堀場一雄『支那事変戦争指導史』（昭37　時事通信社）
四、軍制、法令に関するもの

大山　梓『山県有朋意見書（付陸軍省沿革史・明36まで）』（昭41　原書房）
陸軍省編『陸軍省沿革史　明37〜大15』（昭44　巌南堂）
松下芳男『明治軍制史論　上・下』（昭53　国書刊行会復刻）
陸軍省編『明治軍事史』（昭41　原書房）
日本近代史料研究会編『日本陸海軍の制度・組織・人事』（昭45　東京大学出版会）
『現代史資料11　続満州事変』（昭40　みすず書房）
伊東巳代治　小林龍夫編『翠雨荘日記（付録　軍令ト軍政）』（昭41　原書房）
中野登美雄『統帥権の独立』（昭54　原書房再刊）
戦史叢書『陸軍軍戦備』
戦史叢書『海軍軍戦備』1・2
内閣官房編『内閣制度七十年史』（昭30　大蔵省印刷局）

注　一、原史料は省略し、刊行物のみを掲げた。
　　二、戦史叢書は、昭和四十二年七月から五十四年八月までに逐次刊行された分である。
　　　防衛庁防衛研修所戦史部著、朝雲新聞社刊。

付録１　陸海軍中央統帥組織
（昭和16年12月）

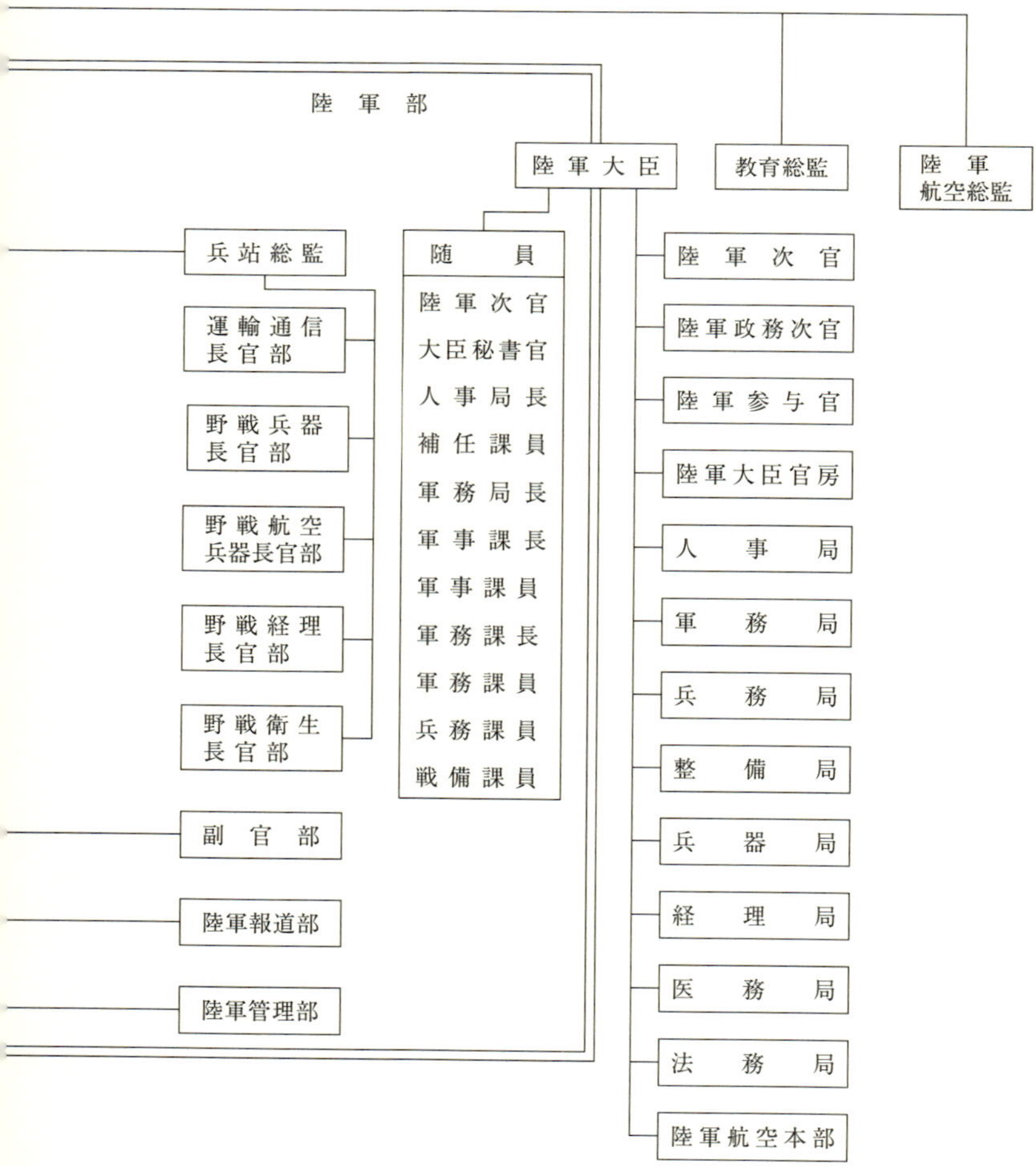

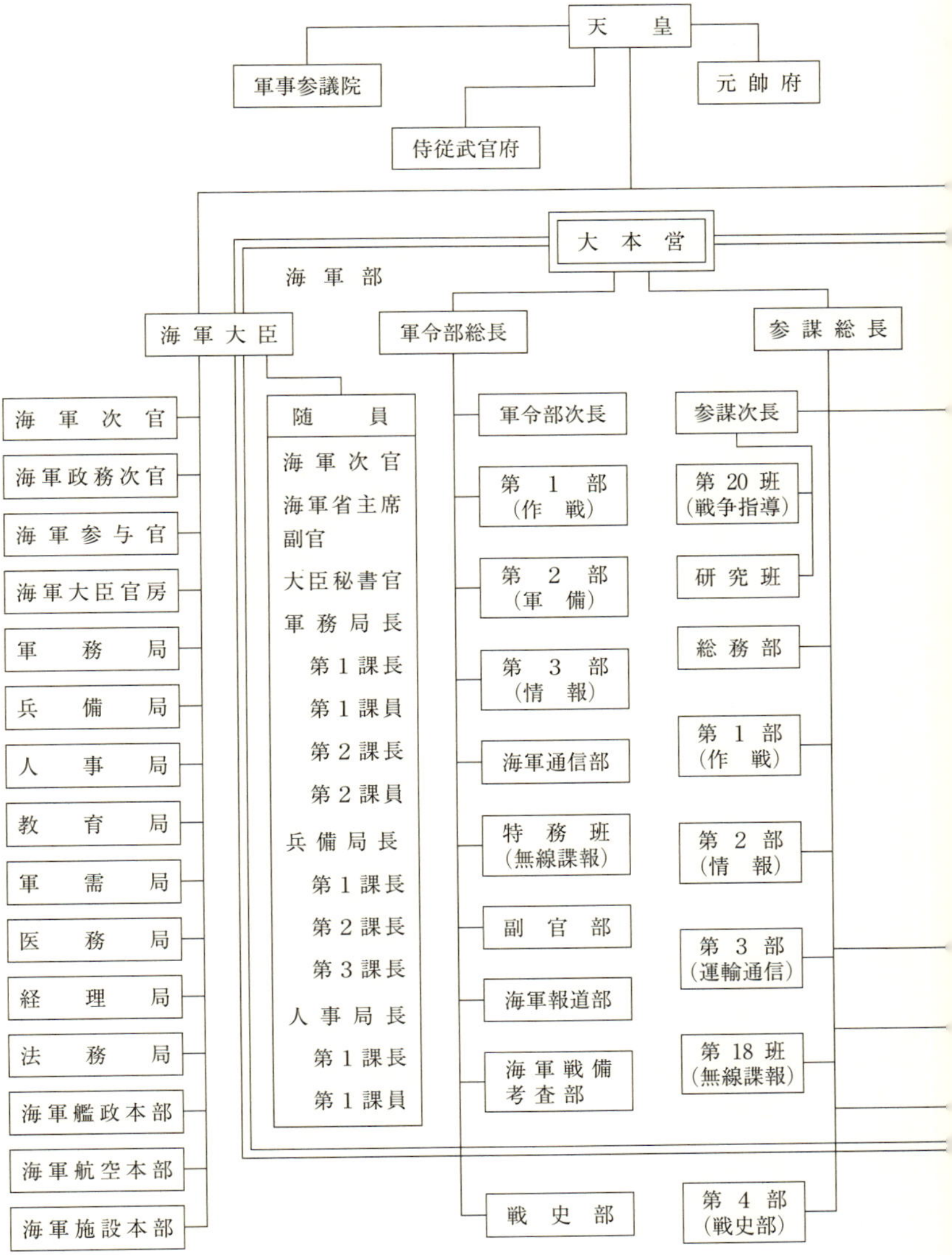
天　皇
軍事参議院
侍従武官府
元帥府
大本営
海軍部
海軍大臣
軍令部総長
参謀総長
海軍次官
海軍政務次官
海軍参与官
海軍大臣官房
軍務局
兵備局
人事局
教育局
軍需局
医務局
経理局
法務局
海軍艦政本部
海軍航空本部
海軍施設本部
随員
海軍次官
海軍省主席副官
大臣秘書官
軍務局長
第1課長
第1課員
第2課長
第2課員
兵備局長
第1課長
第2課長
第3課長
人事局長
第1課長
第1課員
軍令部次長
第1部（作戦）
第2部（軍備）
第3部（情報）
海軍通信部
特務班（無線諜報）
副官部
海軍報道部
海軍戦備考査部
戦史部
参謀次長
第20班（戦争指導）
研究班
総務部
第1部（作戦）
第2部（情報）
第3部（運輸通信）
第18班（無線諜報）
第4部（戦史部）

付録2　歴代大臣・総長一覧表

年代	陸軍大臣	海軍大臣	参謀総長	軍令部総長
明治2	7（兵部卿嘉彰親王）			
3	4（〃　熾仁親王）			
4				
5	5（代理　山県有朋）	5（代理　勝安芳）		
6	6（陸軍卿山県有朋）	10（海軍卿　勝安芳）		
7				
8				
9				
10				
11	12（〃　西郷従道）	5（〃　川村純義）	（参謀本部長　山県有朋）	
12				
13	2（〃　大山　巌）	2（〃　榎本武揚）		
14		4（〃　川村純義）		
15			9（〃　大山　巌）	
16				
17			2（〃　山県有朋）	2（海軍軍事部部長　仁礼景範）

1　人名の上の数字は就任の月を示す。
2　（　）内は呼称は異なるが職務の内容はほぼ同じ。

18	19	20	21	22	23	24	25	26	27	28	29	30	31	32	33
12 大山　巌						5 高島鞆之助	8 大山　巌		10 西郷従道	3 山県有朋 5 大山　巌	9 高島鞆之助		1 桂　太郎		12 児玉源太郎
12 西郷従道					5 樺山資紀		8 仁礼景範	3 西郷従道					11 山本権兵衛		
12（参謀本部長 熾仁親王）			5（参軍　熾仁親王）	3 熾仁親王						1 彰仁親王			1 川上操六	5 大山　巌	
	3（参謀本部次長 仁礼景範）		5（海軍参謀本部長 仁礼景範）	3（海軍参謀部長 伊藤雋吉 5 有地品之允）		6（〃　井上良馨）	12（〃　中牟田倉之助）	5 海軍軍令部長 中牟田倉之助	7 樺山資紀	5 伊東祐亨					

34	35	36	37	38	39	40	41	42	43	44	45	大正2	3	4	5	6	7	8
	3 寺内正毅									8 石本新六	4 上原勇作 12 木越安綱	6 楠瀬幸彦	4 岡　市之助		3 大島健一		9 田中義一	
					1 齋藤　実								4 八代六郎	8 加藤友三郎				
			6 山県有朋	12 大山　巌	4 児玉源太郎 7 奥　保鞏						1 長谷川好道			12 上原勇作				
				12 東郷平八郎				12 伊集院五郎					4 島村速雄					

9				12 山下源太郎
10	6 山梨半造			
11				
12	9 田中義一	5 財部　彪	3 河合　操	
13	1 宇垣一成	1 村上格一 6 財部　彪		
14				4 鈴木貫太郎
15			3 鈴木荘六	
昭和2	4 白川義則	4 岡田啓介		
3				
4	7 宇垣一成	7 財部　彪		1 加藤寛治
5		5 安保清種	3 金谷範三	6 谷口尚真
6	4 南　次郎 12 荒木貞夫	12 大角岑生	12 載仁親王	
7		5 岡田啓介		2 博恭王
8		8 大角岑生		10 軍令部総長　博恭王
9	1 林　銑十郎			
10	9 川島義之			
11	3 寺内寿一	3 永野修身		
12	2 中村孝太郎 2 杉山　元	2 米内光政		

13	6 板垣征四郎			
14	8 畑　俊六	8 吉田善吾		
15	7 東條英機	9 及川古志郎	10 杉山　元	
16		10 嶋田繁太郎		4 永野修身
17				
18				
19	7 杉山　元	7 野村直邦 7 米内光政	2 東條英機 7 梅津美治郎	2 嶋田繁太郎 8 及川古志郎
20	4 阿南惟幾 8 稔彦王 8 下村　定			5 豊田副武

付録３　大本営関係年表

年代	関係事項
明治2	7・8兵部省設置
4	7・28兵部省内に陸軍参謀局設置
5	2・28陸軍省、海軍省の設置
10	2・15西南の役勃発
11	12・5参謀本部の独立
17	2・8海軍省内に軍事部を設ける
18	4・11国防会議条例発布（19・12・12廃止）　12・22内閣制度創設、内閣職権制定
19	3・18参謀本部改組（本部内に陸軍部と海軍部を置く）
20	5・31軍事参議官条例の制定
21	5・12参軍の下に陸軍参謀本部、海軍参謀本部を設ける
22	2・11大日本帝国憲法発布　3・7参軍官制を廃し、参謀本部と海軍参謀部（海軍大臣隷下）に分離　12・24内閣官制を制定
26	5・19海軍軍令部独立。戦時大本営条例制定（これに伴い10・3参謀本部条例を改定）
27	6・5大本営設置（参謀本部内）　8・1清国に宣戦布告　9・15大本営、広島に移動
28	1・15防務条例制定　4・17日清講和条約調印
29	4・1大本営閉鎖
31	1・19元帥府の新設
32	1・19戦時大本営条例、防務条例の改正をめぐり陸海軍間に紛糾始まる

33	5・29北清事変起こる
34	1・22防務条例改正
36	12・28戦時大本営条例の改正。軍事参議院の設置
37	2・4御前会議、対露開戦を決意　2・10ロシアに宣戦布告　2・11大本営を宮中に設置
38	3・10奉天占領（奉天会戦）　5・27日本海海戦　9・5日露講和条約調印　12・20大本営閉鎖
40	4・4帝国国防方針等の裁可　9・12「軍令」の制定
大正2	6・13陸軍大臣補任資格の改定（現役将官制の廃止）
3	6・23防務会議規則制定　8・8大本営編制（海軍関係）の改正　8・23ドイツに宣戦布告
7	6・29帝国国防方針等の第一次改定　8・2シベリア出兵宣言
11	2・6海軍軍備制限等のワシントン条約調印
12	2・28帝国国防方針等の第二次改訂
14	5・1陸軍、四個師団を廃止
昭和2	5・27第一次山東出兵決定
3	4・19第二次山東出兵決定
5	4・22ロンドン海軍条約成立
6	9・18満州事変勃発
8	4・28戦時大本営編制の改定　10・1海軍軍令部を改組し軍令部を設ける
9	12・29ワシントン条約破棄の事前通告
10	1・15第二次ロンドン会議脱退通告
11	6・3帝国国防方針等の第三次改定　6・30陸海軍間で「国策大綱」立案
12	7・7蘆溝橋事件勃発　7・8事件不拡大・現地解決方針を決定　7・28華北の日中両軍戦闘開

始　8・14上海で日中両軍戦闘開始　11・17大本営令制定　11・20大本営を宮中に設置　11・24第一回の大本営御前会議、大本営政府連絡会議開催

13　1・11御前会議「支那事変処理根本方針」決定　1・16国民政府を対手とせずの声明　11・30御前会議「日支新関係調整方針」決定

14　9・1欧州戦争（第二次世界戦争）勃発

15　7・27連絡会議「世界情勢の推移に伴う時局処理要綱」決定　9・23北部仏印進駐　9・27日独伊三国条約調印　11・13御前会議「支那事変処理要綱」決定　11・26大本営政府連絡懇談会を設ける

16　4・13日ソ中立条約調印　4・16日米諒解案作成、日米交渉開始　6・22独ソ開戦　7・2御前会議「情勢の推移に伴う帝国国策要綱」決定。大本営「関特演」決定発動　7・26米国、対日資産を凍結　7・28南部仏印進駐　9・6御前会議「帝国国策要領」決定（対米英蘭戦争を辞せざる決意）　11・5御前会議「帝国国策要領」決定（対米英蘭戦争決意）　11・26米国、ハル・ノート提示　12・1御前会議「対米英蘭開戦の件」決定　12・8日英米開戦（大東亜戦争）

17　3・7連絡会議「今後執るべき戦争指導の大綱」決定　6・5ミッドウェー海戦　8・7米軍、ガダルカナル島に反攻開始　12・10御前会議「当面の戦争指導上作戦と物的国力との調整」等の件決定　12・21御前会議「大東亜戦争完遂の為の対支処理根本方針」決定

18　4・18山本連合艦隊司令長官戦死　9・15大本営「絶対国防圏」設定の作戦方針決定　9・30御前会議「今後執るべき戦争指導大綱」決定

19　2・17トラック島、大空襲を受ける　2・21東條・嶋田両大将それぞれ陸海軍両統帥部長に就任　6・15「あ」号作戦発動　7・7サイパン守備部隊玉砕　7・18参謀総長に梅津大将就任（東條大将交迭）　8・4最高戦争指導会議を設ける　8・19御前会議「今後採るべき戦争指導大綱」

20	決定　10・18捷一号作戦発動　10・20米軍、レイテ島上陸 1・20「帝国陸海軍作戦計画大綱」決定　3・16小磯首相、特旨により大本営に列す　3・20「決号作戦準備要綱」決定　4・16鈴木首相、特旨により大本営に列す　6・8御前会議「今後採るべき戦争指導の基本大綱」決定　7・26米英華三国、ポツダム宣言発表　7・28鈴木首相、ポツダム宣言黙殺と声明　8・6米軍、広島に原子爆弾投下　8・9ソ連、対日宣戦、長崎に原爆投下　8・10御前会議、ポツダム宣言受諾の聖断　8・14御前会議、終戦の聖断　8・15終戦詔書のラジオ放送　9・2日本、降伏文書に調印　9・3大本営廃止　10・15参謀本部、軍令部廃止

『大本営』を読む

戸部良一

本書の旧版は、一九八〇年教育社から「歴史新書」として刊行された。大本営の制度と運用の歴史を簡潔かつ客観的に叙述した本書は、当時から類書がなかったこともあり、重宝で、しかも信頼し得る解説書として定評があった。

著者森松俊夫氏は、一九二〇（大正九）年京都府に生まれ、一九四〇（昭和一五）年陸軍士官学校を卒業し（陸士五三期）、陸軍少佐で終戦を迎えた。一九五二年警察予備隊に入隊し、陸上自衛隊の富士学校や武器学校の戦術教官、幹部学校の戦史教官を経て、一九六三年防衛研修所（のち防衛研究所）戦史室（のち戦史部、現在は戦史研究センター）の戦史編纂官となった。一九七三年陸将補で自衛隊を退官したが、同時に戦史部調査員となり、一九八五年に退職するまで戦史史料の収集・整理・編纂に従事した。二〇一一（平成二三）年、九〇歳で亡くなった。

森松氏の業績として特筆されるのは、いわゆる「戦史叢書」の中で『北支の治安戦』一～二（朝雲新聞社、一九六八年、七一年）を執筆したことである。これは支那事変（日中戦争）期の北支（華北）における対ゲリラ戦を実証的に叙述したものとして学界でも評価が高く、中国では『華北之治安戦』として早速、翻訳の海賊版が出た。

森松氏の真骨頂は、軍人・自衛官として軍事に関する専門的知識と体験を生かしながら、史資料に忠実に、その意味できわめて禁欲的に戦史を叙述したことにある。その研究姿勢と成果は、本書や戦史叢書のほかに、『参謀次長沢田茂』（編、芙蓉書房、一九八二年）、『総力戦研究所』（白帝社、一九八三年）、『図説陸軍史』（建帛社、一九九一年）、『帝国陸軍編制総覧』全三巻（共編、芙蓉書房、一九九三年）などの著作に示されている。

大本営については、前述したようにあまり類書がなく、本書以外では、『現代史資料〈37〉大本営』（みすず書房、一九六七年）に編者の稲葉正夫氏が執筆した解説があるくらいである。森松氏は、この稲葉論文を参照しつつ、ときにはこれを下敷きにして、大本営の実態を説明している。ただし、稲葉論文はもともと資料の解説にねらいがあり、それゆえやや断片的になりがちだったが、本書は通時的にかつ内容的にも大本営の全体像を、あますところなく描き出しているところに特色がある。

本書は簡にして要を得た解説書としての性格を有している。したがって、本書を要約してみても、あまり意味はない。以下では、本書が本来のねらいとした日本の戦争指導について、蛇足となることをおそれず、補足的な説明を加えてみたい。

私見によれば、戦争指導のキーワードは、三つの位相での「統合」にある。まず、政治と軍事の統合、いわゆる政戦両略の一致である。次に、陸軍と海軍の一致統合、そして最後に中央と出先の統合がある。この三つの統合は、それぞれ相互に関連している。政治と軍事が統合されなければ、より正確には政治が軍事をリードしつつ包摂しなければ、陸軍と海軍の統合はきわめて困難だろう。政治の優位と指導力がなければ、陸軍と海軍が自発的に一致することは甚だ難しい。中央が出先を指導し、しっかりと統制するという意味での統合も、政戦両略の一致があって、はじめて効果的となり得る。政略と戦略の一致がないところでは、中央が出先を効果的に統制することも難しい。中央で陸海軍が対立・分裂していれば、出先での陸海軍の協調はなかなか達成できないだろう。

大本営は本来、この三つの統合を実現する機関だったはずである。だが、この機関には設置当初から、統合を成し遂げるうえで内在的な限界があった。そもそも大本営は純然たる統帥機関とされた。その上、統帥権の独立が政治と軍事の統合を妨げる可能性があり、日清戦争後の陸海幕僚長並立が陸海軍の一致統合に支障をもたらす危険性があった。

しかしながら、明治期にはこうした可能性や危険性の発現が抑えられた。なぜか。答えは簡単である。当時の政軍指導者が制度に囚われなかったからである。言い方を換えれば、制度の柔軟な運用がなされたから、と言ってもよい。そもそも統帥機関を政府から独立させた制度は、戦争指導を想定してつくられたものではない。その制度制定の本来のねらいは、軍を自由民権運動という政治から隔離しその意味で非政治化することであった。したがって、戦争指導の場で明治期の指導者は、統帥権独立に拘束されなかったのである。

戦時大本営条例で構成員と明記されていなかった内閣のメンバーが、天皇の特旨によって大本営御前会議に列席した。陸海両相以外の、シビリアンを含む閣僚が大本営に加わることによって、日清・日露戦争では政戦両略の一致、否むしろ政略優位の統合が図られ、実現された。政略優位の統合が実現されたがゆえに、政治指導の下での陸海の一致統合もおおむね成し遂げられた。出先に対する統制という点での中央と出先の統合も達成された。

むろん政略と戦略の矛盾、陸軍と海軍の対立、出先の統制逸脱という現象が皆無であったわけではない。だが、そうした現象は例外にとどまり、三つの位相での統合を阻むことはなかったのである。

このように武力戦主体の時代でさえ、大本営は法制上の純統帥機関にとどまることなく、柔軟な運用によって政略と戦略の統合を図った。やがて第一次世界大戦で戦争様相が大きく変化する。将来の戦争は第一次大戦と同じく国家のあらゆる人的・物的資源を投入して、激しく、そして長期に戦われる総力戦になるだろう、と考えられるようになる。総力戦の時代には、政治と軍事の統合の必要性が、それまでに比べて格段に強まった。そのことに、日本の政軍指導者は気付いていたはずである。

にもかかわらず、支那事変が全面戦争化した一九三七年十一月、大本営は従来と変わらない純統帥機関として設置され、総力戦にはもはやそぐわなかった。その上、明治期のような柔軟な運用も試みられなかったのである。

そのとき、近衛文麿首相は大本営を政戦両略一致のための機関とすべく、首相も構成員とすることを要望した。だが、陸軍省や海軍は大本営の設置自体に強く反対した。陸軍省は、大本営が設置されると、参謀本部が陸軍省の優位に立とうとするのではないかと反撥した。海軍も、参謀本部が優位に立って軍政当局を圧迫することを惧れたが、それに加えて、首相を構成員に加えると、首相が陸軍に取り込まれてロボットのような存在にされてしまうのではないかと危惧した。

結局、参謀本部の強硬な要求によって大本営が設置されたわけだが、そのときの参謀本部の最大のねらいは、大本営の権威によって現地軍を統制することにあった。だが、そのねらいは間もなく裏切られる。上海戦の苦戦から脱した現地軍は奔馬のような勢いで南京攻略を目指し、制止しようとした大本営も結局はそれを追認せざるを得なくなったからである。翌一九三八年二月、大本営は当面新しい作戦は実施しないとの方針を決めたが、これも現地軍の圧力によって覆され、徐州作戦が始められてしまう。このように昭和期の大本営は、政戦両略の統合はもちろん、出先を統制するという意味での統合ですら、少なくとも設置直後には、達成できなかったのである。

政戦両略の一致を図るという近衛首相の要望は、大本営政府連絡会議（以下、連絡会議と略す）の設置というかたちで一部実現されたように見えた。事実、ドイツを仲介とした日中間の和平工作をめぐって、連絡会議は連日、激しい議論を重ねた。ところが、一九三八年二月以降、連絡会議は開かれなくなってしまう。会議で、特に陸軍省と参謀本部との対立が激しく、衝突を繰り返すので、近衛首相はすっかり嫌気がさしてしまったのだという。対立を回避し論争を嫌ったのでは、首相が指導力を発揮して政略優位の方向に制度を柔軟に運用することは無理であった。

連絡会議は一九四〇年七月、第二次近衛内閣のとき復活する。支那事変の遂行だけでなく、ヨーロッパ情勢の急変に応じて武力を伴う南進を始めようとしたことが、あらためて政戦両略の一致を要求したのだろう。しかしながら、ここでも政治が軍事をリードしつつ包摂するという意味での統合はなされなかった。大東亜戦争が始まっても、その傾向は変わらなかった。戦争指導は作戦主導で進められ、連絡会議は統帥部の要求を受け容れ、それに行政面から辻褄合わせをする存在に終始した。

大東亜戦争前半期の首相東條英機は、陸相や内相を兼ね強大な権限を持った。陸相を兼ねていたのだから、大本営の構成員でもあった。しかし、やがてその東條ですら、作戦の決定権を持たなければ政治と軍事を統合し効果的な戦争指導を行なうことができないと判断するに至る。こうして彼は一九四四年二月、参謀総長をも兼任する。森松氏は稲葉氏にならって、これを当時の憲法解釈上可能な「最高の方式」であったのではないかと評している。しかし、問題は参謀総長兼任によって戦争指導が効果的に行われたかどうかである。敗色濃厚な状況だったので、その判定は難しいが、効果のほどは疑わしかった。東條の事務能力を反映して、書類の流れがスムースになっただけだったようである。

それに、東條が参謀総長を兼任しても、戦争指導の効果を上げるには重大なハンディがあった。海軍のことには口を出せなかったからである。三つの位相の統合のうち、東條首相兼陸相兼参謀総長は属人的統合によって政治と軍事の統合を図ろうとした。しかし、陸海の一致統合を属人的統合によって進めることはできなかった。

やがて東條は参謀総長辞任を余儀なくされ、ほぼ同時に内閣総辞職に追い込まれる。後任の小磯国昭首相は、就任後半年以上を経て、天皇の特旨により、大本営会議への列席を許され、その後任の鈴木貫太郎首相も、同じ権利を与えられた。しかし、この二人が、大本営会議への列席を利用して戦争指導の実権を振るうことはなかった。作戦の現況について情報を得たにすぎなかった。日清戦争時の伊藤博文とは大きな落差があった。こうして見ると、明治期と昭和期の戦争指導の差を、制度に求めることは許されない。指導者の質に差があったと言うべきかもしれない。

戦争指導の面で何とか評価し得るのは、鈴木内閣のときの最高戦争指導会議構成員会議による終戦指導だろう。小磯内閣で設置された最高戦争指導会議は連絡会議を改称しただけにすぎなかったが、鈴木内閣の発足時に東郷茂徳外相の要請により、六人の正規メンバーだけの構成員会議として開かれることになった。従来は、特に陸海軍のメンバー（大臣と統帥部長）が幹事として同席する部下の牽制や圧力に影響されがちだった。ここにも当時のリーダーの質を見ることができよう。

最高戦争指導会議構成員会議は、紆余曲折を経て、危ういところで終戦の決断をすることができた。だが、その決断のイニシアティヴをとったのは、本来それをすべき政治指導者ではなく軍事指導者でもない。昭和天皇だったのである。

（国際日本文化研究センター教授）

本書の原本は、一九八〇年に教育社（現ニュートンプレス）より刊行されました。

著者略歴

一九二〇年　京都府に生まれる
一九四〇年　陸軍士官学校卒業　終戦時陸軍少佐
陸上自衛隊教官、防衛研修所戦史編纂官を歴任
二〇一一年　没

〔主要著書〕
『北支の治安戦』一・二（戦史叢書、朝雲新聞社、一九六八・七一年）、『帝国陸軍編成総覧』全三巻（共編、一九九三年、芙蓉書房）

読みなおす日本史

大本営

二〇一三年（平成二十五）八月一日　第一刷発行

著　者　森《もり》松《まつ》俊《とし》夫《お》

発行者　前　田　求　恭

発行所　株式会社　吉川弘文館
郵便番号一一三―〇〇三三
東京都文京区本郷七丁目二番八号
電話〇三―三八一三―九一五一〈代表〉
振替口座〇〇一〇〇―五―二四四
http://www.yoshikawa-k.co.jp/

組版＝株式会社キャップス
印刷＝藤原印刷株式会社
製本＝ナショナル製本協同組合
装幀＝清水良洋・渡邉雄哉

ISBN978-4-642-06396-8

刊行のことば

現代社会では、膨大な数の新刊図書が日々書店に並んでいます。昨今の電子書籍を含めますと、一人の読者が書名すら目にすることができないほどとなっています。ましてや、数年以前に刊行された本は書店の店頭に並ぶことも少なく、良書でありながらめぐり会うことのできない例は、日常的なことになっています。

人文書、とりわけ小社が専門とする歴史書におきましても、広く学界共通の財産として参照されるべきものとなっているにもかかわらず、その多くが現在では市場に出回らず入手、講読に時間と手間がかかるようになってしまっています。歴史の面白さを伝える図書を、読者の手元に届けることができないことは、歴史書出版の一翼を担う小社としても遺憾とするところです。

そこで、良書の発掘を通して、読者と図書をめぐる豊かな関係に寄与すべく、シリーズ「読みなおす日本史」を刊行いたします。本シリーズは、既刊の日本史関係書のなかから、研究の進展に今も寄与し続けているとともに、現在も広く読者に訴える力を有している良書を精選し順次定期的に刊行するものです。これらの知の文化遺産が、ゆるぎない視点からことの本質を説き続ける、確かな水先案内として迎えられることを切に願ってやみません。

二〇一二年四月

吉川弘文館

読みなおす
日本史

日本人の地獄と極楽	五来　重著	二一〇五円
幕僚たちの真珠湾	波多野澄雄著	二三一〇円
秀吉の手紙を読む	染谷光廣著	二一〇五円
大本営	森松俊夫著	二三一〇円
日本海軍史	外山三郎著	（続　刊）
史書を読む	坂本太郎著	（続　刊）
歴史的仮名遣い　その成立と特徴	築島　裕著	（続　刊）
昭和史をさぐる	伊藤　隆著	（続　刊）
山名宗全と細川勝元	小川　信著	（続　刊）
東郷平八郎	田中宏巳著	（続　刊）
墓と葬送の社会史	森　謙二著	（続　刊）
大佛勧進ものがたり	平岡定海著	（続　刊）

吉川弘文館